●口絵1(図4.3)
エピタキシャル成長したKFHF(フッ化水素カリウム)の結晶.

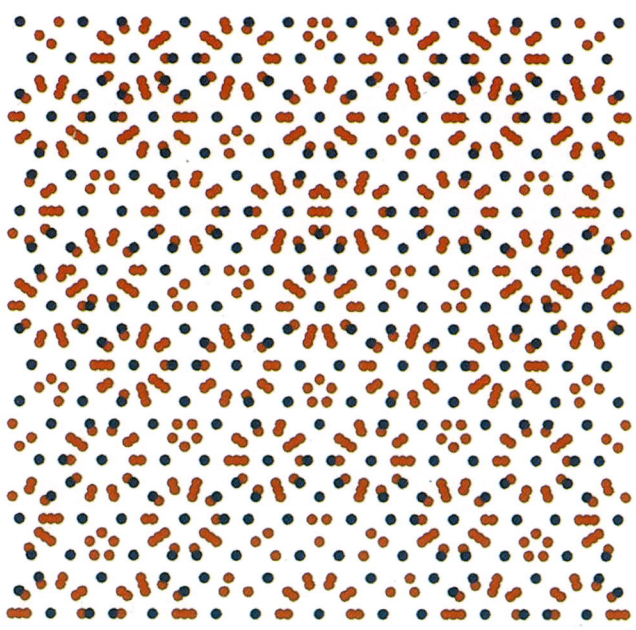

●口絵2(図6.1)
最初に発見されたアルミニウム・マンガン準結晶の原子配列のモデル.
赤丸はアルミニウム原子,青丸はマンガン原子を表す.

●口絵3（図8.7）
温度塩分平面の色

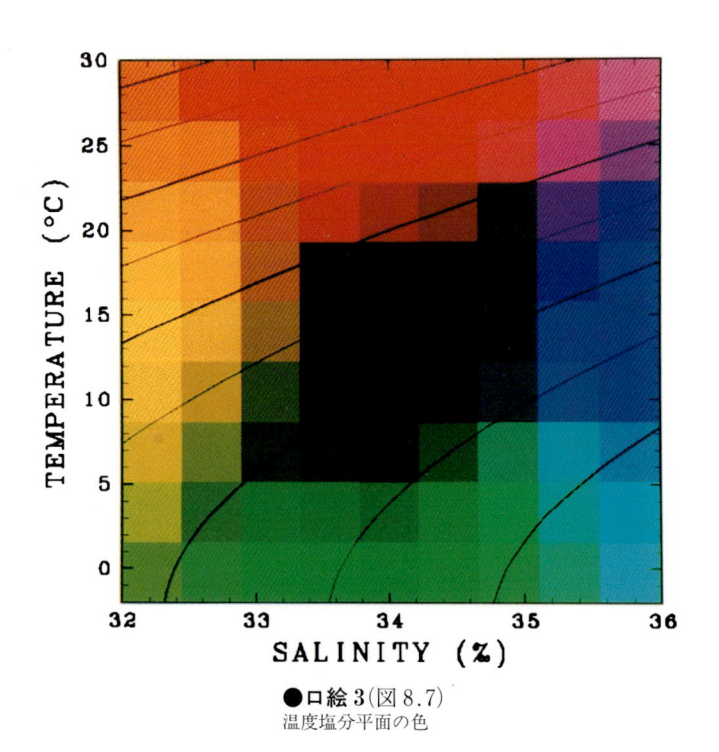

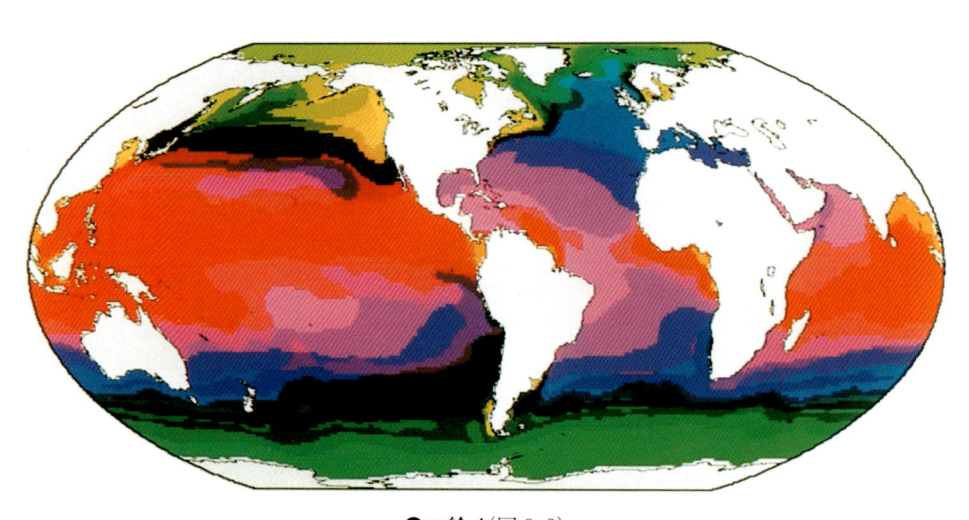

●口絵4（図8.8）
海面での温度と塩分

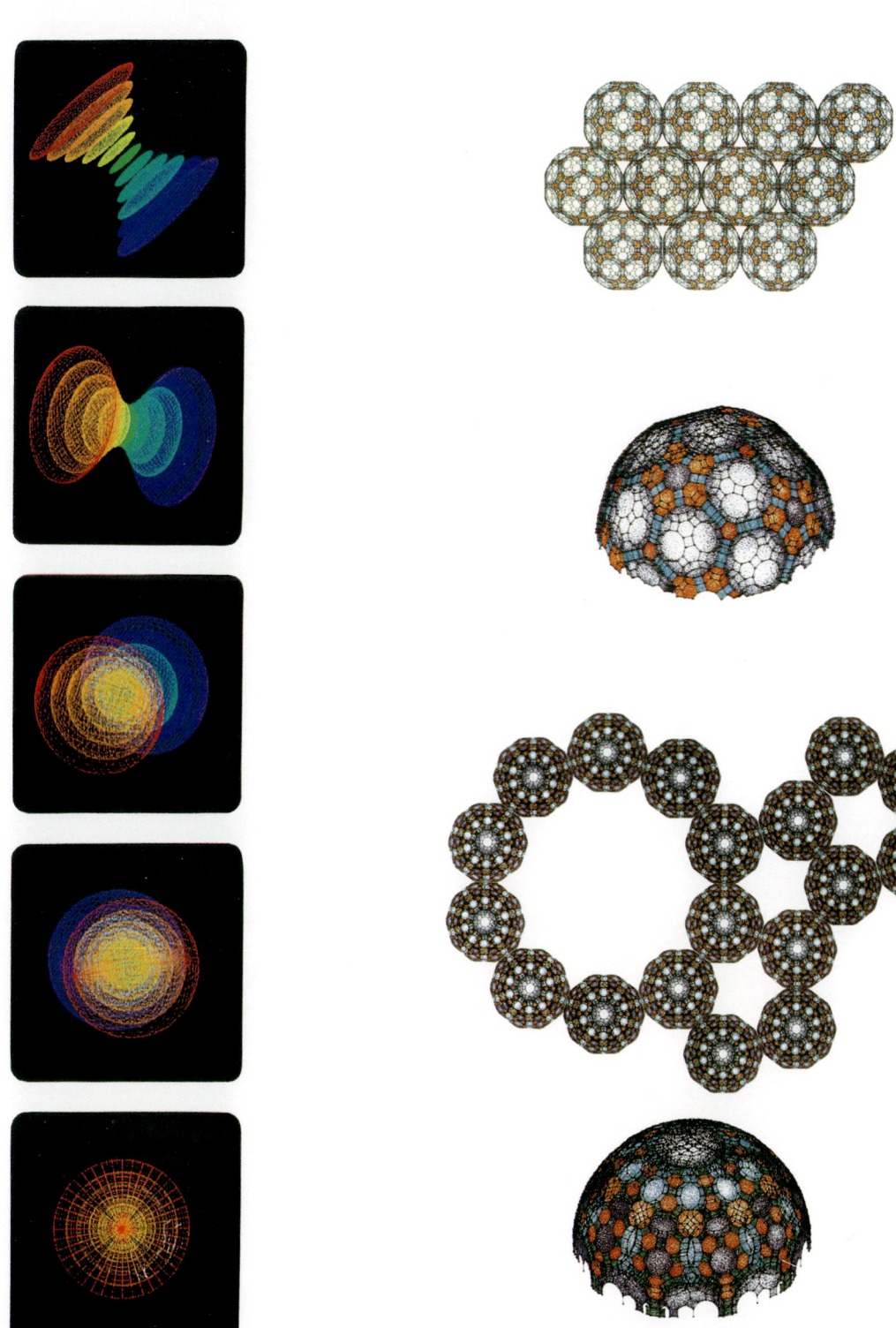

●口絵 5（図 9.25）
回転する超つづみ形の直投影（CG：塩崎　学）

●口絵 6（図 9.18）
正 120 胞体と正 600 胞体から導かれる規則的な多胞体の周期的（上段）ならびに非周期的な連結．下段はそれぞれのユニットのドーム状の部分．

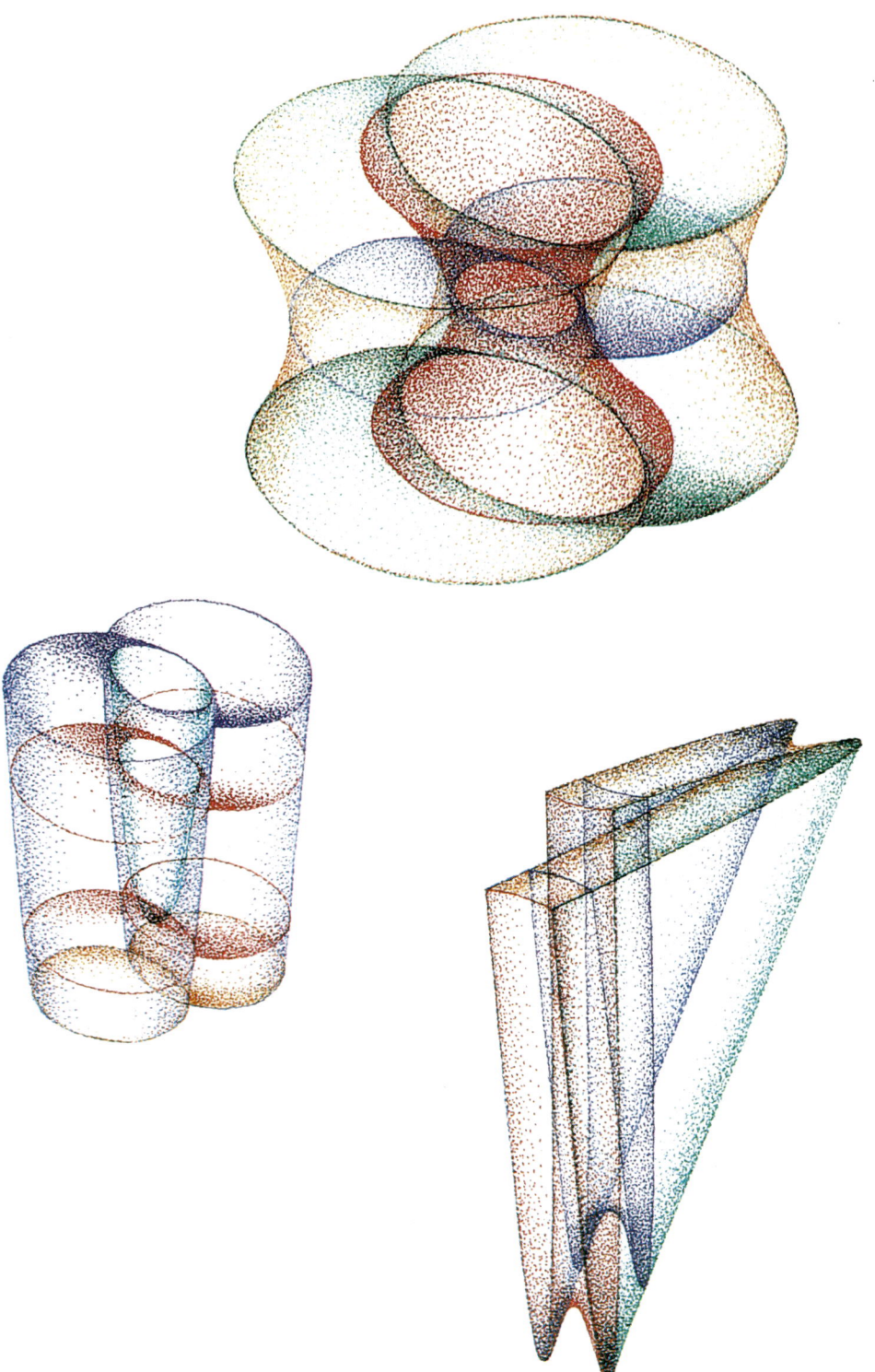

●口絵7(図9.26)
風変りな2次超曲面.上から方程式 $X^2+Y^2-Z^2-U^2=1$, $X^2+Y^2-Z^2-U=1$, $X^2-Y^2-Z-U=1$ を持つ.

自然界の4次元

高次元科学会編

| 松田卓也 | 本多久夫 | 小川　泰 |

| 和田一洋 | 細矢治夫 | 山本昭二 |

| 松本崧生 | 酒井　敏 | 宮崎興二 |

朝倉書店

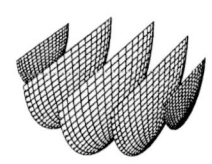

まえがき

われわれの住んでいる空間は，前後左右上下の3方向に動くことのできる3次元の広がりを持っている．この常識は洋の東西を問わず古くから知られていた．紀元前4世紀，古代ギリシャのアリストテレスは『天体論』の中で，だからこそこの世で最も重大な数は3であると主張し，そのうわさが広まって，のちにキリスト教では三位一体の神が信じられるようになった，ともいわれる．わが国の『古事記』でも，宇宙は前後左右上下の六合（りくごう），つまり3次元の広がりを持つという．

ところがその3次元の広がりを持った空間やその中の物体はじつは4次元の広がりを持った空間や物体の影である，と説明する賢人も昔からいた．たとえばアリストテレスの師プラトンは『国家』の中で，もし平たい壁に写された3次元の物体の影だけを見ながら育った子供がいたとしたら，その子供は平面の国に住んでいると思い込むに違いない，といったあと，それと同じようにわれわれの身のまわりの3次元の物体もひょっとすると3次元を越える4次元的な空間の物体の影であって，国家をリードするような人はその4次元的な空間に立って物事を判断しなければならないという．のちに，人間は神や仏の影絵である，などといわれるようになった理由の一つであろうか．

昔の人々にとって神や仏はまさにこのような4次元的な存在だったのであって，だからこそ異常な超能力を発揮してきた．

現代の多くの科学者たちはもちろんこのような神や仏を信じない．そのかわり，宇宙の果てまで無限に広がる大自然界が神や仏に代わる偉大な4次元的存在となっている．

この自然界は，諸行無常，万物流転のことばどおり，大気の中で生長したり縮んだり動いたりするさまざまな動物や植物や鉱物で満ちあふれている．微動だにしないかのような地球でさえ一定の場所で姿を変えずとどまるということはない．そのような意味でも自然界

まえがき

は前後左右上下の位置を示す3方向に，生長したり動いたりできる新しい方向が加わった4次元的な広がりを持った空間となっている．しかもプラトンもいうように，この4次元的な空間から見下ろせば，3次元空間の風景や事件の全貌が一目瞭然によくわかるのである．2次元平面上の風景や事件の全貌はその2次元平面上の2次元人にはわかりにくいが，3次元空間から3次元人が見下ろすと一目瞭然によくわかる．それと同じことである．

現代の多くの科学者たちは，こうした4次元的な自然界の存在を信じ，この自然界からさまざまなことを学んで，そこにひそむ神秘的な謎を解く一方，いまなお人間の侵入を拒否するところのある自然界に挑戦しようとさえしている．かつてアインシュタインによって4次元時空として説明された宇宙空間へ飛び出し，そこで住もうとするのはその一例であろうか．

といっても，多くの場合，4次元というのは，タイムスリップに関係する時間的な流れとか超能力に関係する精神的な深みを持った，あまり具体的なかたちとは関係のない抽象的なあるいは哲学的な空間を意味する．それでは，われわれの身のまわりに実際にかたちあるものとして広がる4次元的な自然界をあるがままに明瞭にとらえて適切に分析したり応用したりすることは困難であろう．

それに対して本書では，幾何学的，図形的な空間を考えることによって4次元あるいはそれを越える高次元のかたちを具体的に目で見ることを原則とし，それを媒介として，結晶構造や細胞組織といった極微の世界から銀河系や宇宙といった極大の世界までの幅広い自然界に現れる具体性のある4次元的な現象を，宇宙科学，生物学，物理学，原子核工学，結晶学，化学，地球科学，図形科学の各分野の専門家とともに捜し，そこに見られる謎を解いていこうとする．

1995年春

高次元科学会世話人
宮 崎 興 二

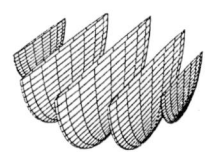

⓪ まえがき　2

高次元科学会 伏見康治，一松 信，中村義作，H. S. M. コクセター博士らを囲んで 1992年設立．事務局は京都大学大学院人間・環境学研究科宮崎研究室．

4次元空間から見ると3次元空間の出来事がよくわかる．本書では3次元の幾何学的，図形的な空間を考えることから4次元のかたちを具体的に知覚し，自然界の具体性のある4次元的な現象を自然科学の様々な分野の専門家とともに捜していく．

① 4次元時空の旅　001

松田卓也　1943年大阪府に生まれる．京都大学大学院理学研究科博士課程修了．理学博士．神戸大学理学部教授．宇宙物理学専攻．

自然界と4次元，といえばアインシュタインの相対論で説明される4次元時空である．この相対論を武器に，原子や分子が活躍する極微の領域から人間自身の世界，さらには，星や銀河が散らばる宇宙の果てまでを，高次元の目で観察する．

② 4次元世界の動物を解剖する　015

本多久夫　1943年京都府に生まれる．京都大学大学院理学研究科博士課程修了．理学博士．新技術事業団・吉里再生機構プロジェクト研究員．理論生物学専攻．

もし4次元の人間や生物がいるとすればそのからだはどのような構造になっているのだろうか，と3次元のかたちから具体的に考えたあと，そのかたちの一部が3次元人に実際に見られることを指摘する．4次元はわれわれの手が届く世界である．

③ 物理学と4次元　033

小川　泰　1936年東京都に生まれる．東京教育大学大学院理学研究科博士課程修了．理学博士．筑波大学物理工学系教授．物理学専攻．

4次元や5次元の世界では，左右の違いや鏡像や回転はどうなるのだろうか，奇数次元と偶数次元での違いはないのだろうか，と物理的に考えながら，その物理現象に支配される世界における小選挙区制や囲碁の勝負やぶち犬の模様を空想する．

④ 原子核と4次元　049

和田一洋　1934年兵庫県に生まれる．京都大学工学研究科博士課程単位修得．工学博士．京都大学工学研究科講師．エネルギー応用工学専攻．

幽霊の科学的説明をも含めていろいろな4次元世界の可能性を紹介する中で，3次元の空間に重力が働くという意味から地上こそ4次元であると指摘し，物質の根源をなす原子核について，その構造と4次元のかたちとの間の奇妙な一致点を示す．

⑤ 化学と4次元　069
細矢治夫　1936年神奈川県に生まれる．東京大学大学院化学専門課程修了．理学博士．お茶の水女子大学理学部教授．理論化学，情報化学専攻．

ほんとうに4次元の世界があるとすればそれはどのような原子や分子によって構成されているのだろうと考えたあと，その4次元世界を利用して，3次元世界では作ることのできないおもしろい化合物を簡単に作る夢のような方法を提案する．

⑥ 準周期構造と4次元　085
山本昭二　1945年新潟県に生まれる．東京工業大学大学院理工学研究科修士課程修了．理学博士．無機材質研究所．固体物理学，結晶学専攻．

昔から結晶構造には絶対現れないと信じられてきた5回対称性が，最近，三つの元素からなる金属の構造などに準結晶として次々みつかっている．その準結晶のかたちが高次元立方体の投影に一致するという目の覚めるような事実を説明する．

⑦ 4次元のブラベ格子　106
松本崧生　1932年福岡県に生まれる．東京大学大学院博士課程修了．理学博士．金沢大学理学部教授．鉱物学，結晶学専攻．

3次元の結晶は，ふつう14種類のブラベ格子によって分類整理されている．では，4次元のブラベ格子には何種類あってどんな姿をしているのだろうか．もし，それがわかると，結晶の成長や動きも含めたもっと精密な整理と分析が可能となる．

⑧ 4次元の海　117
酒井　敏　1957年静岡県に生まれる．京都大学大学院理学研究科中退．理学博士．京都大学総合人間学部助教授．地球流体力学専攻．

ふつうは，3次元空間へ投影したり，点ごとに座標を与えたりして表現される4次元のかたちを，色つきの3次元立体で表示するユニークな方法を提案したあと，それを応用して，地球の表面に広がる海洋のいろいろな性質の分布を表示する．

⑨ 4次元図形の中に住む　131
宮崎興二　1940年徳島県に生まれる．京都工芸繊維大学工芸学部卒業．工学博士．京都大学大学院人間・環境学研究科教授．建築計画学，図形科学専攻．

多面体や曲面に相当する4次元や5次元の幾何学的なかたちを図で示したあと，そのかたちを鉱物の結晶構造や生体の細胞組織，さらには地球や宇宙の構造の中に実際にみつけ出し，我々の身のまわりの自然界の4次元性を具体的に検証する．

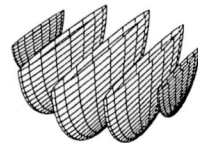

4次元時空の旅

松田卓也

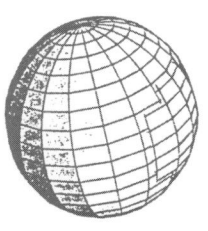

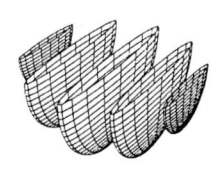

1.1 ●特殊相対論と4次元時空

● a ● ニュートン力学と相対性原理

4次元空間といった時,まっさきに連想するのはアインシュタインの相対論であろう.相対論は相対性理論ともよばれるが,ここでは簡単のために相対論とよぶことにする.

まず相対性原理と相対性理論の区別に注意しよう.相対性原理はアインシュタインの専売特許ではない.それどころか,ガリレオ・ガリレイがそれについて述べているのである.一方,相対性理論はアインシュタインの提唱した理論であって特殊相対論と一般相対論がある.特殊相対論は相対性原理を力学運動だけでなく,光についても適用した理論で,この光に対する相対性原理をアインシュタインの相対性原理とよぶ.つまり相対性原理にはガリレイのものとアインシュタインのものがあるのである.また一般相対論はアインシュタインの(特殊)相対性原理をさらに拡張した一般相対性原理を採用した理論である.一般相対論は重力の理論であり,それはニュートンの万有引力の法則を拡張したものになっている.

アインシュタインが特殊相対論を提唱したのは1905年のことである.それ以前に物理学を支配していた理論は,ガリレイに始まりニュートンによって基礎が築かれたニュートン力学である.

ニュートン力学の基礎として,次のようなニュートンの有名な三つの運動法則がある.
（1） 力を加えない物体は等速直線運動をする.
（2） 力は質量と加速度を掛けたものである(ニュートンの運動方程式).
（3） 作用と反作用は大きさが等しく,方向が反対である.

こうしたニュートンの運動法則は,厳密には慣性系でのみ成立する.慣性系とは重力が働かない空間で,かつ加速度系でない空間である.加速度系でないとは遠心力のような,みかけの力が働かない座標系である.慣性系の例としては,たとえば星の重力の及ばない遠くの宇宙空間とか,あるいはスペースシャトルの内部のような無重力の空間がある.しかし重力の働く地上も,水平方向の運動に限れば,近似的には慣性系とみなしてもよい.

ニュートン力学においては,ガリレイの相対性原理が重要な役割を果たす.相対性原理とは,ある物理法則がある座標系で成立する場合,それに対して等速直線運動している座標系でも同じ法則が成立する,ということである.ある慣性系に対して等速直線運動をしている座標系もまた慣性系である.つまり相対性原理とは,物理法則はどんな慣性系でも同じ形で記述されるということである.

相対性原理をニュートン力学の範囲内で考えたものをガリレイの相対性原理とよぶわけだ.言い換えればニュートンの運動方程式は,どんな慣性系でも同じ形をとるということだ.したがって,生じる現象も同じである.たとえば地上で石をポトリと落とすと石は足元に落下するが,この実験を走っている列車内で行っても,やはり足元に落下する.これは相対性原理の一つの例である.慣性系から別の慣性系への交換をニュートン力学の場合,ガリレイ変換とよぶ.

さて力学現象からひるがえって，光の伝播について考えよう．ガリレイは光の速さを二つの山の間で測定しようとして失敗した．しかしやがて光の速さは有限であることがわかってきて，レーマーやフィゾーといった人々によって測定されるようになった．秒速ほぼ30万 km である．ここでもし光を秒速 20 万 km のロケットで追いかけたら，光の速さは秒速10 万 km になるのであろうか．あるいは秒速 40 万 km のロケットで追いかけたら，光を追い越すのであろうか．(ニュートン力学の)常識ではそうなる．実際，音の場合は超音速のジェット機に乗れば音を追い越すことが可能である．光についてもそうであれば，光の伝播という現象に関しては相対性原理は成立しないことになる．

どういうことかを説明しよう．

ニュートン以来，物理学といえば力学現象が主体であったが，19 世紀になって電磁気現象が物理学の重要な一員となった．英国のファラデーは電磁気現象の実験的研究を行い様々な電磁法則を明らかにした．英国のマクスウェルはそれらの法則を一組の方程式にまとめあげた．これがマクスウェルの方程式である．光は電磁波であり，光の伝播はマクスウェルの電磁気方程式から導かれた波動方程式で記述される．その式に光速度が入ってくるが，それは電磁気的な定数から決まっている．

光の速さがマクスウェルの理論で決まっているということは，座標系ごとに光の速さが異なるとすれば，マクスウェルの方程式も座標ごとに異なるということになる．ということは，光の伝播は相対性原理を満たさないということだ．相対性原理とは，座標が異なっても法則は同じ形の方程式で表されるということだからだ．

もちろん秒速 20 万 km のロケットなど，現在の技術でつくることはできない．しかし，地球の自転の速さは秒速 460 m であるし，地球の公転速度は秒速 30 km もある．これらを利用すると，光の速さが東西と南北でわずかに違うとか，季節によって違うということがあるかもしれない．実際，その違いを測ろうとしたのが有名なマイケルソンとモーレーの実験である．結果は否定的であり，光の速さはどのように測っても一定であることが明らかになった．これを単なる実験事実であるだけでなく自然界を支配する主要な原理と考えたのがアインシュタインであり，これを光速度一定の原理とよぶ．これは原理とよぶけれども，じつは光の伝播に対する相対性原理であるにすぎない．

光の伝播という現象に関しても相対性原理は成り立つ．ところがニュートン力学では，先に述べたように光の速さは一定にはならない．そこでもしマイケルソン・モーレーの実験を事実と認めれば，ニュートン力学を変更する必要がでてくる．これがアインシュタインの特殊相対論である．光の速さまで含めて，物理法則は慣性系から別の慣性系への変換に関して形を変えない．これをアインシュタインの(特殊)相対性原理とよぶ．またその変換をローレンツ変換とよぶ．

● b ●特殊相対論とローレンツ変換

相対論は 4 次元空間を扱うとか，4 次元目はじつは時間のことであるといった話を聞いた人も多いであろう．本節では主として特殊相対論について述べよう．相対論は特殊相対論と一般相対論に分けられる．重力が存在しない場合で，非常に高速な物体の運動を扱うも

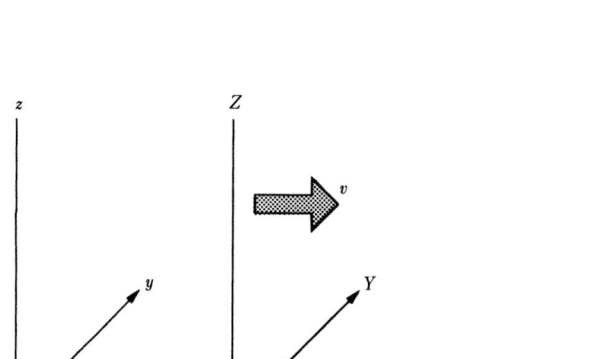

●図 1.1
二つの座標系

のが特殊相対論である．まず特殊相対論とは何かを解説し，次に4次元のミンコフスキー時空について説明しよう．

少し数式を使って議論しよう．x, y, zのデカルト座標系を考える．いま，時刻$t=0$に座標系の原点から光が放出されたとする．時間t後には，光は原点を中心とする半径$r=ct$の球面に達しているであろう．その球面の方程式は
$$x^2 + y^2 + z^2 = (ct)^2$$
である．簡単のため今後は$z=0$の面内のみを考えると，上の式は
$$x^2 + y^2 = (ct)^2$$
という円の方程式になる．

ところでいま，x軸の正の方向に速さvで走っている観測者を考える．その観測者の座標系をX, Y, Z，時間をTとする．x軸はX軸と一致，y軸とY軸，z軸とZ軸は平行とする（図1.1参照）．

また時刻$t=T=0$に両者の原点は一致したとする．光速度一定の原理から，走っている観測者にとっても光速は一定値cであるから，その観測者から見た光はやはり自分を中心とした半径cTの球面上にある．つまり光の球面の$Z=0$の面内の方程式は
$$X^2 + Y^2 = (cT)^2$$
となる．この場合(x, y, t)と(X, Y, T)を関係づける式がローレンツ変換で次のような式になる．

$$\text{ローレンツ変換} \quad X = \frac{x - vt}{\sqrt{1 - (v/c)^2}}$$
$$Y = y$$
$$T = \frac{t - vx/c^2}{\sqrt{1 - (v/c)^2}}$$

ローレンツ変換の式を先の光の球面の方程式に代入してみるとわかるように，光の球面の式を変えない．ところでローレンツ変換は常識的にはおかしな式である．ニュートンの運動方程式にこの式を代入すると，方程式の形が変わってしまう．つまりガリレイの相対性原理を満たさない．ガリレイの相対性原理を満たす式は次のような変換である．

$$\text{ガリレイ変換} \quad X = x - vt$$
$$Y = y$$
$$T = t$$

この式はローレンツ変換の式において，速度vが光速cに比べて十分小さいと仮定して，分母を1とした場合の式になっている．つまりニュートン力学とは，特殊相対論において，速度が光速に比べて十分小さい場合の近似であったのだ．

まとめるとこういうことになる．ニュートンの運動方程式は慣性系の間の変換（ガリレイ変換）で不変になるが，光の速さとか光の伝播の式は不変にはならない．光は電磁現象であるから，マクスウェルの方程式で記述される．つまりマクスウェルの方程式はガリレイ変換で不変にならない．ところがマイケルソン・モーレーの実験では，光の速さはどの慣性系から見ても一定であった．つまりマクスウェルの方程式は，慣性系の間の変換で不変にな

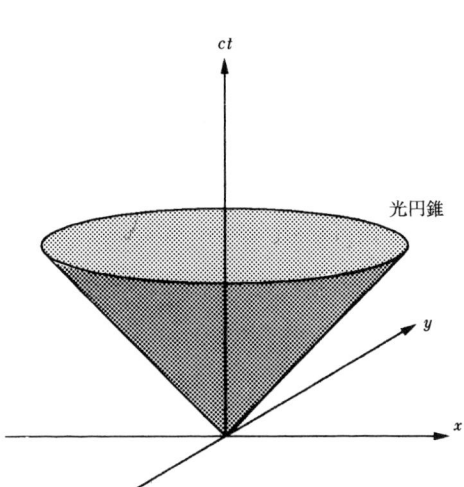

●図 1.2
光円錐

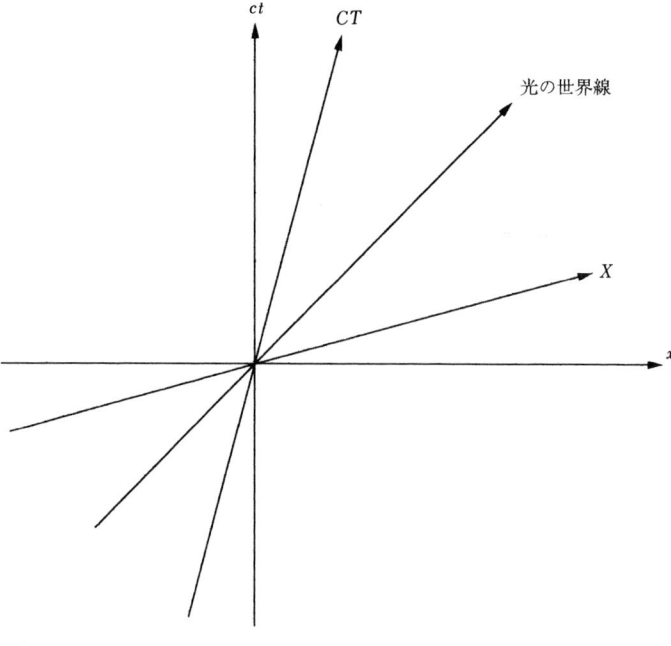

●図 1.3
(x, ct)座標と(X, CT)座標の関係

るべきである．そのためにガリレイ変換のかわりにローレンツ変換を導入すると，これはマクスウェルの方程式を不変にする．しかしニュートンの運動方程式はローレンツ変換では不変にならない．

ガリレイ変換かローレンツ変換か，どちらをとるべきか．マイケルソン・モーレーの実験は厳然たる実験事実である．ニュートンの運動方程式ももちろん実験事実に基づいているが，光速度に近い現象においてまで正しいという実験的保証はない．そこでニュートンの運動方程式を死守するかわりに，マクスウェルの方程式とマイケルソン・モーレーの実験を優先させる．すると慣性系の間の変換はローレンツ変換をとるべきだということになる．ローレンツ変換ではニュートンの運動方程式は不変にはならない．しかし相対性原理は非常に魅力的であるので，電磁現象だけではなく，力学的現象に対しても相対性原理を成立させたい．そこで，普遍の真理と思われていたニュートンの方程式を書き直そう．それがアインシュタインの考えであり，その理論が特殊相対論である．

● c ● 特殊相対論とミンコフスキー時空

以上で簡単に特殊相対論の説明を行ったが，ここでは図的，幾何学的に説明しよう．紙面に描く都合上，さらに1次元落として $z=Z=0$, $y=Y=0$ の面内で物事を考えよう．すると光の球面の方程式はそれぞれ

$$x^2-(ct)^2=0$$
$$X^2-(cT)^2=0$$

となる．あるいは因数分解すると

$$(x-ct)(x+ct)=0$$
$$(X-cT)(X+cT)=0$$

となる．(x, t) 座標で光の軌跡を描くと，傾き $\pm 1/c$ の2本の直線になる．見やすさのために ct を縦座標とすると，光の軌跡は傾きが ± 1 つまり傾き $45°$ の2本の直線になる．あるいは y 軸を復活させれば，光の軌跡は頂角が $90°$ の円錐となり，これを光円錐という．このような図を時空図とよぶ（図 1.2 参照）．

アインシュタインは特殊相対論をつくりあげたが，彼は数学があまり得意ではなかった．幾何学を用いて特殊相対論のきれいな意味づけを行ったのは，数学者のミンコフスキーであった．そこでこの空間をミンコフスキー時空とよぶ．ミンコフスキー時空は空間と時間を合わせた4次元の世界である．

さて，この (x, ct) 座標の時空図の上に (X, cT) の座標軸を描くとどうなるか．X 座標の原点は x 座標に沿って速度 v で走っているから，原点の x 座標は

$$x=vt=(v/c)(ct)$$

となる．つまり図に cT で示した傾き (c/v) の直線がそれであり，その直線はまた cT 軸である．X 軸はどうなるだろうか．(X, cT) 座標系でも光の速さが (x, ct) 座標系と同じである，つまり傾きが ± 1 であるためには，X 軸は図 1.3 に示したようにならなければならない．

光の道筋（光の世界線）はどちらの座標系から見ても共通の，傾きが $\pm 1 (45°)$ の直線である．

1. 4次元時空の旅

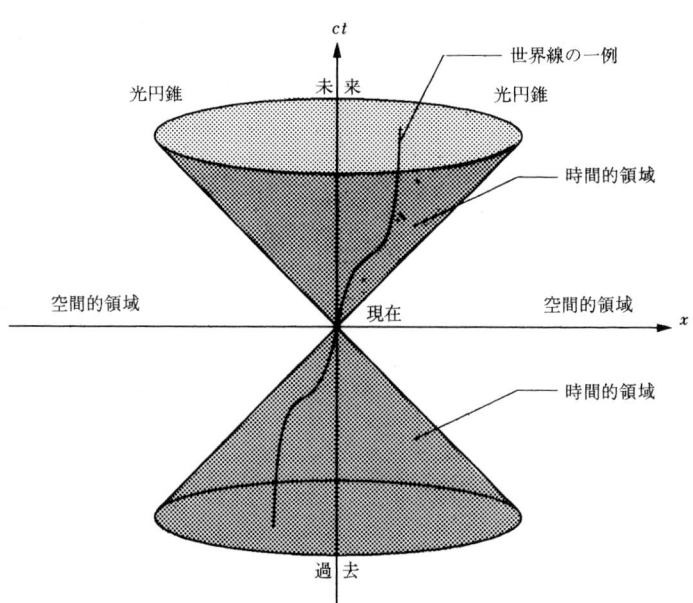

●図 1.4
現在,過去,未来と空間的領域

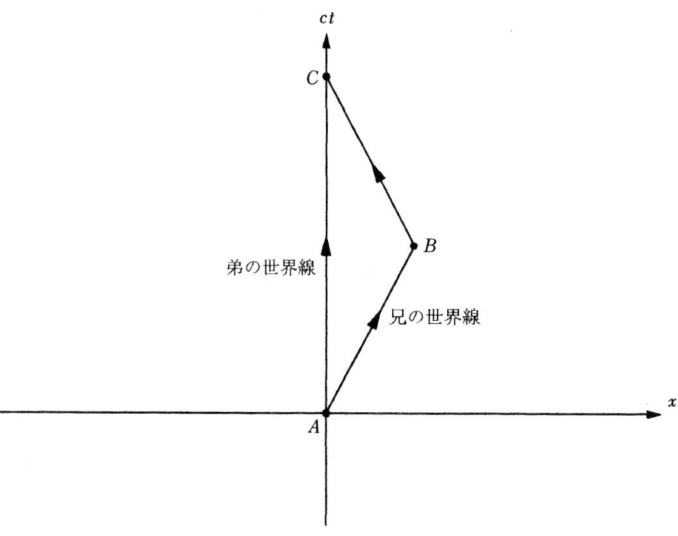

●図 1.5
双子のパラドックス：2人の世界線

1. 4次元時空の旅

●d● ミンコフスキー時空の距離の定義

ユークリッド幾何学の成り立つ空間では，ピタゴラスの定理が成立する．座標系(x, y)で原点と点(x, y)の距離をrとすると
$$r^2 = x^2 + y^2$$
である．

座標系(x, y)と原点を一致させて，回転させた別の座標系を(X, Y)とする．この二つの座標系で(x, y)と(X, Y)を同じ点とすると，原点とその点の間の距離は，どちらの座標系で見ても等しい．つまり
$$x^2 + y^2 = X^2 + Y^2$$
ところでミンコフスキー空間の原点と点(x, ct)の距離sを
$$-s^2 = x^2 - (ct)^2$$
と定義しよう．このように定義された距離はローレンツ変換に対して不変である．つまり
$$-s^2 = x^2 - (ct)^2 = X^2 - (cT)^2$$
このように定義された距離は，はなはだ奇妙な性質を持っていることがわかる．原点からの距離が0である点は，ユークリッドの幾何学のように原点自体だけではなく，
$$-s^2 = x^2 - (ct)^2 = 0$$
つまり
$$x - ct = 0, \quad x + ct = 0$$
の2本の直線上すべての点である．つまり現在$(0, 0)$から光が到達する点への距離はすべて0なのである．

また距離が実数になる領域は原点と時間的につながりのある領域で，図1.4に示すように「過去」と「未来」に分かれる．現在と「過去」ないしは「未来」の1点を結ぶような直線は時間的であるといわれる．このような時空図の上に描いた線を世界線とよぶ．

一方sが虚数の領域$(s^2<0)$にある点は原点と時間的つながりがなく，光より速いものでないと到達できない．相対論では光より速いものは存在しないので，この領域は現在からは到達できない．この領域を「間在圏」，「空間的領域」とよぶ人がいる．現在と「空間的領域」にある1点を結ぶ直線は時間的ではなく空間的であるといわれる．図1.4にそれらの関係を示す．

ミンコフスキー空間とユークリッド空間の大きな違いは，距離の定義の違いからもわかるであろう．たとえば，図に示すような3角形ABCを考える．3辺のどの直線も時間的であるとする．つまりその世界線に沿って旅行することができる．さてA点からC点へ直線の世界線に沿っていく距離と，AからBを経由していく距離の和を比較すると，ABCと行く方が距離が短いのである．ユークリッド幾何学ではAC＜AB＋BCであるが(3角不等式)，ミンコフスキー空間の幾何学ではAC＞AB＋BCとなる(相対論的3角不等式)．そのことはABとBCが光の世界線である場合，それぞれの距離が0であることからもわかる．この場合，先の不等式の右辺は0になるのである．

このことは双子のパラドックスの証明にもなっている(図1.5)．ここで定義された「距離」は，じつは世界線に沿って進む時計の刻む時間なのである．いま双子がいるとする．その

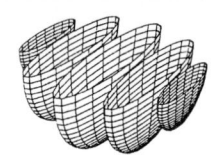

兄は高速のロケットに乗って遠くの星に探検に行く．一方，弟は地球に残る．相対論の効果のため，高速で飛行するロケットの中で進む時間は遅くなる．したがって兄は弟に比べて歳をとらない．だから兄が星の探検を終えて地球に戻ってみると，弟の方が兄よりも歳をとっていたということになる．先の図でいえば，兄の世界線は ABC であり，弟の世界線は AC である．AC＞AB＋BC であるから，ABC という世界線に沿って進む時計の刻む時間は，AC に沿って進む時計の計る時間より短いのである．これを双子のパラドックスという．

何がパラドックスなのかというと，兄から見れば自分は静止していて弟が(地球や全宇宙とともに)逆の方向に高速で飛び去り，また戻ってきたと見えることにある．もしお互いの関係が完全に相対的であるならば，年上なのは兄の方だ．しかし，実際は弟の方が早く年をとるということは，先の相対論的3角不等式から明らかである．このパラドックスの謎を解く鍵は両者の関係は完全に相対的ではありえないというところにある．弟は地球や宇宙に対して，相対的に静止しているのであり，兄はそれに対して移動しているからである．兄はロケットの進む方向を転換するときに減速して停止し，再び地球に向けて加速しなければならない．このときに見かけの力を経験する．一方，地球にいる弟にはそのようなことはない．2人の立場は対等ではないのである．先に示した3角不等式は，どんな慣性系からみても成り立つのである．

1.2 ●統一場理論と高次元時空

●a●カルツァ・クラインの5次元理論

ここまでの話はアインシュタインの提唱した特殊相対論についてであった．アインシュタインは，特殊相対論の発表(1905年)の後，その一般化に取り組む．特殊相対論では慣性系の間の変換(ローレンツ変換)に対して，運動方程式と電磁方程式が不変になるべしという，アインシュタインの(特殊)相対性原理のもとに組み立てられていた．ローレンツ変換は慣性系に対して等速直線運動をしている座標系どうしの変換であり，加速度運動をしていたり，曲線運動をしている場合には成り立たない．アインシュタインはこのような場合をも含むように理論を拡張した．それが一般相対論である．一般相対論では重力が取り扱われる．その場合，空間はもはやミンコフスキー空間のように3次元のユークリッド空間に時間座標を付加したような簡単なものではなく，曲がったリーマン空間となる．アインシュタインによれば，重力とは「力」ではなく，空間の曲がりの現れであるという．これを重力の幾何学化とよぶ．

しかしここでは一般相対論の話はさておいて，特殊相対論の別の方向への拡張，統一場理論について述べる．アインシュタインは一般相対論によって，重力を幾何学化することに成功した．しかし，重力以外に本質的な力であると考えられる電磁気「力」は，空間の幾何学に組み込むことができなかった．アインシュタインはその後，電磁気力をも幾何学的に統一する理論，つまり「統一場」理論を求めてさまよった．

ポーランドの若き研究者カルツァがそのアイデアの一つを提案した(1921年)．それは時空

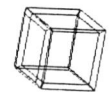

を5次元に拡張して，そのよぶんな自由度を電磁気力にあてようというものである．カルツァの理論はその後クラインによって一般化されたので，現在ではこの理論をカルツァ・クラインの理論とよんでいる．ただ5次元といっても，我々の観測する現実の空間は3次元であり，時間を加えても4次元時空であることに変わりはない．それでは5次元目はどこにあるのか．4次元時空の一点一点に，きわめて小さな「もう1次元」がくっついていると考えればよい．その1次元は大きな広がりは持たず，我々の通常の観測にはかからないミクロなものであるとする．有限の1次元空間といえば，針金の輪のようなものを考えればよい．つまり空間の各点に小さな輪がくっついていると想像したらよいであろう．

●b● カルツァ・クラインの11次元理論

物理学のその後の進展はアインシュタインを置き去りにした．相対論と並んで20世紀の革命的な物理理論として量子論がある．量子論は原子，分子，素粒子などのミクロな物体の運動を扱う物理学である．量子論的でない物理学を古典物理とよびマクロな現象を記述する．ニュートンの力学，マクスウェルの電磁気学はもちろん，アインシュタインの特殊および一般相対論も古典物理学である．

さて量子論は特殊相対論と結合してディラックの電子論へと発展し，さらに相対論的場の理論へと発展していった．それが現在の素粒子論の基礎である．しかし相対論的場の理論では特殊相対論が重要であり，一般相対論は最近まで多くの物理学者には忘れられた存在であった．だから一般相対論のさらなる拡張としての，カルツァ・クラインの理論を含む様々な統一場理論も忘れ去られていたのである．重力と電磁気力の二つの力だけを統一しても，それは真の「統一理論」にはなりえないからである．

相対論は量子論的でないという意味において古典論であり，大多数の物理学者の興味を引かなかったのだ．というのはミクロな電磁気力を理解するには，量子論的場の理論を用いなければならず，古典的に重力と電磁気力だけを統一しても意味がないと考えられていたのである．実際，世界を支配する力は重力と電磁気力だけではなく，「強い力」と「弱い力」が素粒子レベルで重要である．「強い力」とは，原子核の内部で陽子と中性子を結びつけている力である．「弱い力」とは，中性子が崩壊して陽子になるときに働く力である．いずれも力の到達距離がきわめて小さく，ミクロな現象においてのみ重要である．電磁気力はミクロ，マクロでともに重要である．重力はきわめて弱い力であり，通常はマクロな現象でしか重要ではない．

しかし1970年代になって，ワインバーグとサラムが弱い力と電磁気力を一つの「電弱理論」のもとに統一するに及んで，再び統一場理論が脚光を浴びるようになった．その後，強い力も統一しようとする「大統一理論」が現れ，アインシュタインの夢は再びよみがえった．重力をも統一しようという気運である．「超重力理論」，「超弦理論」など様々あるが，「11次元のカルツァ・クライン理論」もそのような試みの一つであった．この理論においては，3次元の空間（外部空間）と1次元の時間，それに7次元の内部空間がある．7次元の内部空間とは，2次元の球面風に閉じた7次元の球面のようなものである．この球面の半径はきわめて小さい（たとえば10^{-33}cmの程度）．3次元空間の各点にこんな小さな7次元球面がく

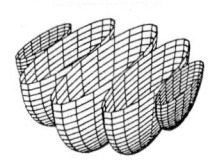

っついていると想像すればよい．そんな球面上の振動が素粒子を表していると考えるのである．もっとも「11次元のカルツァ・クライン理論」は，その後あまり聞かないようである．

超弦理論（超紐理論）は最近の有力な統一理論である．弦とは紐ともよばれ，1次元的な広がりをもった物体である．弦の時空間での運動は2次元的な面になり，これを世界面とよぶ．弦が運動するとあるエネルギーと運動量を持ち，一つの粒子として観測される．弦には張力があり，振動する．その振動の激しさによって弦の振動エネルギーが異なる．そのエネルギーは素粒子の質量とみなされるので，振動の激しさによって質量が異なり，様々な素粒子として観測される．ある理論的要請により，超弦理論は10次元時空に埋め込まれていなければならない．カルツァ・クライン理論同様，この場合もやはり4次元以外の時空は観測にかからないほど小さな空間に縮まっている．超弦理論は有力な理論であるが，様々な問題があり，観測でテストするまでの道のりはまだ遠い．

1.3 ●空間はなぜ3次元か

●a● 3次元以外の空間における惑星軌道

特殊相対性理論は4次元時空を考えるといっても，4次元目は時間であり，いわゆる4次元ユークリッド空間とは大きく性質が異なることはすでに述べた．つまり距離を定義する式の符号が，空間と時間では異なるからである．カルツァ・クライン理論では，内部空間の距離の符号は通常の外部空間と同じである．しかし，その空間は閉じている上にきわめて小さく，我々が常識的に考える空間とは大きく異なっている．つまり，いずれにせよ我々の住んでいる「空間」は，あくまでも3次元なのである．

本書の第9章を書いている宮崎の好きな4次元空間はあくまでも仮想のものである．それではどうして我々の住むこの現実世界は3次元空間なのであろうか．これについてきわめて興味深い考察が先人たちによりなされてきた．

ニュートンの万有引力の法則，クーロンの電気力の法則によれば，二つの物体の間の力（重力，電気力）はその間の距離の2乗に反比例することが知られている．このことと空間が3次元であることの関係を指摘したのはカントであった．物体を取り囲む球面を考える．物体から出て，その球面を貫く力線の数は一定である．ところが半径rの球面の面積は$4\pi r^2$で距離とともに増加するので，力線の密度つまり力の強さはr^2に反比例して減少する．もし我々が4次元の世界に住んでいるとすれば，半径rの4次元超球面の表面積は$2\pi^2 r^3$だから，力はr^3に反比例して減少することになる．つまり通常の3次元空間より距離による力の減少が大きい．逆に我々が2次元の平面世界に住んでいれば，力はrに反比例することとなり，力の減少が少ない．しかし高次元世界ではなく低次元世界は宮崎でなくとも，興味はない．そんな単純な世界にもし我々が住んでいたとしたら，この世に見るような複雑性は存在しなかったであろう．高次元の世界こそが真剣な検討に値する．

19世紀にペリーは天体を巡る惑星の軌道がたえず一定していて変わることがないという性質（軌道の安定性）と空間の次元数Nの関係について論じた．20世紀になってオランダ

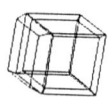

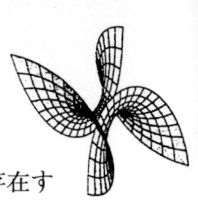

の物理学者エーレンフェストはこの問題を詳細に分析して，天体を巡る安定軌道が存在するのは N が4以下の場合であることを示した．だから5次元以上の空間にはまともな太陽系が存在しない．ケプラーの法則によれば，太陽を巡る惑星の軌道は太陽を一つの焦点とする楕円である．この法則は3次元空間でのみ成立する．惑星が太陽を1周したときにもとの位置に戻れば，その軌道は閉じているという．楕円軌道や円軌道は閉じた軌道の例である．閉じた軌道が存在するのは N が0か3の場合であることが証明できる．4次元空間での軌道は，何周してももとの位置に戻らないような複雑な曲線である．このことはニュートン力学の場合だけでなく，一般相対論を考慮してもそうなることが示されている．0次元空間は点だから意味がない．だから3次元空間のみが閉じた軌道を許すのである．もっとも軌道が閉じているかどうかは，惑星上に生息する生物にとって決定的な役割を果たすかどうかはわからない．しかし軌道が閉じていないとまともな暦がつくれないことは確かであろう．

また4次元宇宙の惑星系を考えると，4次元の太陽からの距離が離れるに従って太陽から受ける熱の強さが距離の3乗で減少する．つまり太陽から離れると急速に寒く，近づくと急速に熱くなる．したがって，このような世界では生物の生存に適した範囲は非常に狭いものになるであろう．このように3次元空間以外の世界においては，生命の住む惑星系は存在しがたく，したがって我々人類のような知的生命の発生の可能性も少ない．知的生命の発生しない宇宙は認識されないわけだから，たとえそのような世界があっても議論の対象にならない．「我々の世界が，かくかくしかじかの性質を持っているのはなぜか」．そのような質問に対して，「そのような世界でなければ知的生命が発生せず，したがって認識もされない．だからかくかくしかじかの性質があるのだ」という答えがある．こういった議論を「人間原理」とよぶ．つまり「空間はなぜ3次元か」という設問に対して，「それは人間がいるからだ」というのが人間原理的な解答である．

●b● 3次元以外の空間の原子

さきほどの議論では惑星の軌道を論じた．しかし生命の存在にとって，安定な軌道を描く惑星の存在が必須かどうかはよくわからない．それに対して，これから述べる議論の方はもっと深刻である．そもそも高次元世界には原子は存在するのか？

原子は原子核のまわりに電子が電磁気力で引きつけられて，核のまわりを回転しているものである．空間の次元数は重力同様，電磁気力にも影響を及ぼす．したがって原子核と電子の間の力も空間の次元数の影響を受ける．

エーレンフェストは半古典的なボーアの原子論を N 次元空間の原子について適用した．その結果5次元以上の空間では，安定な原子は存在しないことがわかった．4次元の場合でも，特殊相対論まで考慮すると，安定な原子は存在しないことがわかった．旧ソ連の研究者は N 次元空間の原子の構造を，量子力学のシュレーディンガー方程式を解くことによりきちんと解析した（第5章の細矢の解説を参照）．その結果はボーア理論と同じく，やはり4次元以上の空間では安定な原子は存在しないことがわかった．原子が存在しない世界では，いかなる生命も存在しないのだから4次元の宮崎が存在できるはずもない．

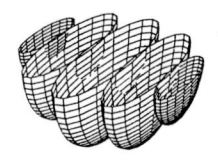

1. 4次元時空の旅

太陽をめぐる惑星の軌道は，原理的にはどんな大きさでもよい．つまり太陽から惑星までの距離がどんな値になるかは，太陽系の形成のときに歴史的に決まるだけである．しかし原子はそうではない．原子の大きさは飛び飛びの値をとる．つまり原子核と電子の間の距離は連続的な値をとるのではなく，飛び飛びの値をとるのである．これは量子力学的な効果である．量子力学で原子の構造を計算するには次のようにする．原子核が電子を引きつける電磁気力のポテンシャルエネルギーを求める．これは中心部つまり原子核のところが一番低い，井戸のような形をしたポテンシャルとなる．そのポテンシャルエネルギーをシュレーディンガー方程式に代入して方程式を解く．すると電子のエネルギーは連続的な値ではなく，飛び飛びの固有値というもので決まる．この大きさをエネルギー準位とよぶ．エネルギー準位に従って，原子の大きさが決まる．電子のエネルギーが最低の状態を基底状態とよび，通常の原子はこの状態にある．

エネルギーがある一定の値より大きくなる，つまり電子の運動がある程度以上激しくなると，原子核はもはや電子を引きつけておくことができない．すると電子は原子核から逃げ出す．つまり原子の大きさは無限大になる．こんな状態を原子が電離した，またはイオン化したという．つまり3次元の世界では原子の大きさには限りがある．これは我々物理学者にとって常識的なことである．

ところで2次元の世界では，その常識が破れる．どんな大きさのエネルギー順位も飛び飛びになるのである．つまりどんなに電子のエネルギーが大きくても，電子は原子核に捕えられている．電離とかイオン化という現象は2次元では存在しないのである．つまりどんな巨大な原子でも存在することになる．最も小さい基底状態の原子すら5mmもあるという．2次元世界に生物がいたら，とんでもない大きさであろう．

からだのトポロジーを考えても，2次元の生物には我々のような消化管はない．もしあればからだが二つに分裂する（第2章の本多の文を参照）．したがってこの生物の食生活もあまり高度なものではない．また頭脳を形成する複雑な神経のネットワークもつくれないから，2次元生物の知性は高いとはいえない．

かくして我々人間の住むこの世界の空間次元は3なのである．そこに住む3次元の我々が4次元以上の空間をあれこれと想像して本書を書いたのであるが，実は高次元の世界はそれほど楽しい世界ではないようだ．

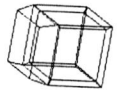

4次元世界の動物を解剖する
本多久夫

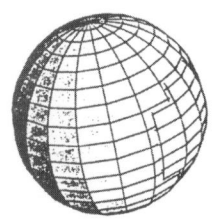

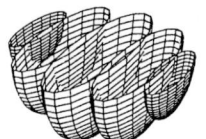

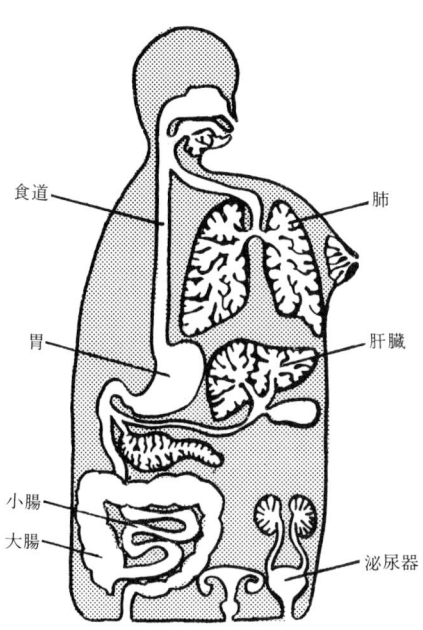

●図 2.1
動物のからだは上皮組織とよばれるシートで覆われている．シートは口から肛門までトンネルをつくっている（文献1による）．

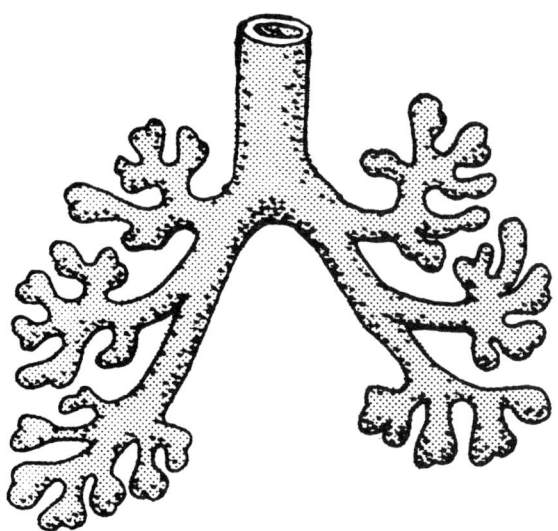

●図 2.2
肺はシートでできた袋が分岐を繰り返してできた袋小路である（文献1を改変）．

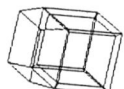

3次元世界の動物は，上皮組織とよばれる2次元シートで包まれている．このシートで包まれた形は，口から肛門にかけてトンネルが通じたドーナツ形である．これから推測すると，まだ見たことのない4次元世界の動物は3次元"シート"で覆われて，4次元的なトンネルが通っているに違いない．この構造を3次元に投影することによって確かめてみよう．

次に血管系の広がりを考える．3次元世界の動物の血管網は，大まかにいうと，上皮シートに平行な2次元的な広がりを持っているといえる．そして，一部に洞様（類洞）とよばれる3次元的広がりのある血管"網"（血管のジャングルジム）が存在する．すなわち，3次元動物は2次元的血管網および部分的に3次元的血管網（洞様）を持つ．これに対応して4次元動物は3次元的血管網（洞様）および部分的に4次元的血管網を持っているはずである．つまり我々3次元人が洞様を見ることは，この世界の構造の中に4次元世界の一部の血管"網"の構造を垣間見ていることになるかもしれない．

2.1 ●動物のからだはドーナツ構造である

3次元人のからだの表面には皮があってからだを外界から守っている．この皮を外界との仕切りとみなしてたどっていくと唇から口の中に続いている．自分ではわからないが，さらに食道の壁に続き，胃，小腸，大腸の壁につながっているはずである．ついには肛門で再びお尻の皮に続いている（図2.1）．このことは組織学的にいえば，角化重層扁平上皮，湿潤扁平上皮，単層円柱上皮，線条縁単層円柱上皮などの難しい学術用語によって命名されている上皮組織の続き具合を述べていることになる．しかし要は外と内とを仕切るバリアー機能を持った上皮組織とよばれるシート（このシートは組織とよばれるように細胞が集まってできている）があって，からだ中の表面を隙間なく覆っているのである．このシートをすべて上皮シートとよぶ．言い換えれば，からだは上皮シートで覆われており，口から肛門にかけてトンネルがあって，全体として見ればドーナツ型になっている．

この上皮シートのつながりは詳しく見るとからだの中でさらに拡張している．肺は食道から枝分れしたシートからできた袋であって，いわば行き止りの袋小路である（図2.2）．肝臓や泌尿器なども行き止りの袋小路とみなすことができる（図2.1）．上皮シートを手掛りにしてからだの構造をからだの内か外か注意しながら見ていくと，それまでに気づかなかったことを発見したり，複雑であったことが整理されてわかりやすくなる[1,2]．これはひとえに，上皮シートが動物の個体を環境から分離させ，また同じ種の中の他の個体からも独立させて個体の独自性を徹底させているためである．

からだのトンネル構造の話に戻るが，じつはトンネルの数は1本ではない．口のほかに鼻の穴が二つある．図2.3に示すような連続的な変形を考えると，身体は三つ穴のドーナツといえそうだがもうほかに穴はないだろうか．眼や耳は穴みたいだが穴ではない．眼では透明な上皮シートである角膜が皮膚とつながって穴をふさいでいるし，耳では皮膚とつながった上皮シートが内側の上皮シートと背中合せになって鼓膜を形成し穴をふさいでいる．しかし，普通はわからないが鼻涙管とよばれる管が眼の外側から鼻の内側に通っている．眼薬を眼にさすと口で苦く感じられるのは眼薬がこの管の穴を通ったためである．こ

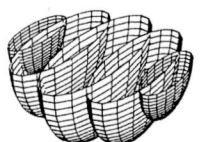

2. 4次元世界の動物を解剖する

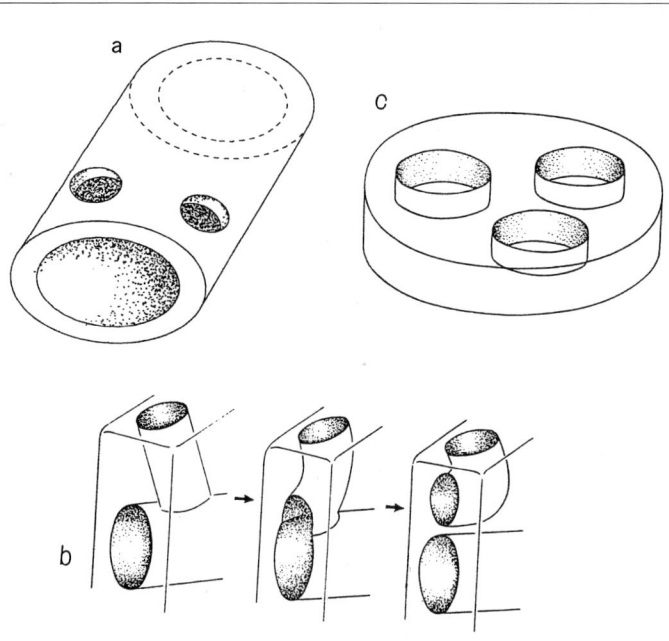

●図 2.3
口から肛門までの穴のほかに鼻の穴を数えると三つの穴があいていることになる(文献 2 を改変).

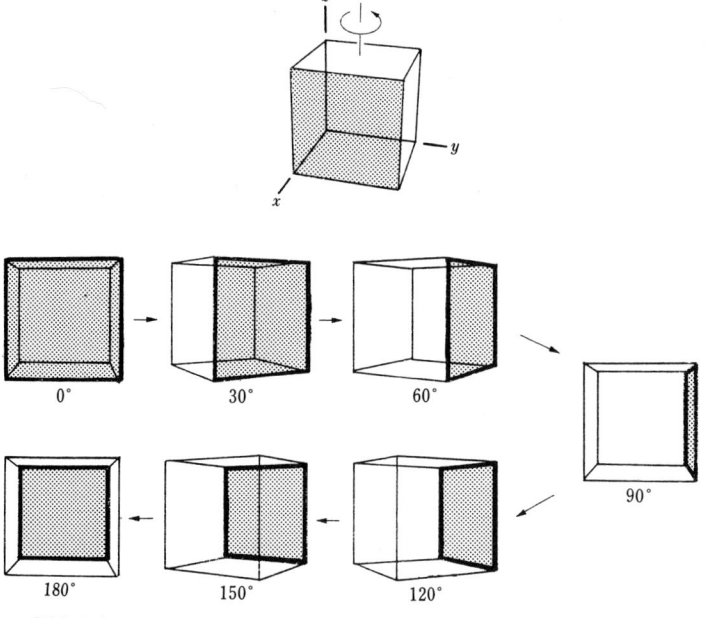

●図 2.4
立方体を 30°ずつ回転した透視図

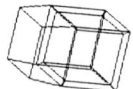

の鼻涙管が一対あるので，からだには合計五つ穴があいているといえる．この穴の数は動物の種によっていろいろ違っている．たとえば，エラ穴とよばれるものがある．乾魚のメザシの束は，わら縄を目にではなく口からエラ穴に通してたばねている（目に穴があって刺さっているのではない）．しかし，動物は食物の入口から食べかすの出口まで一般には少なくとも1本のトンネルを持っているものが基本だろう．以下では一つ穴のドーナツ構造を持った動物を考えて話を進めていこう．

2.2 ● 4次元のかたちを見る

わたしたちは3次元世界に住んでいて3次元のかたちを見ている．しかし，よく考えてみると3次元のかたちを2次元に写し直していることが多い．本やノートの2次元の紙の上で3次元を描いている．立体のかたちを人に説明するとき，スクリーンや，黒板という2次元面に図を描いてすませていることも多い．これでけっこう用が足りている．言い換えれば，3次元のかたちを2次元に投影したもので話をすませることが可能なのである．それなら，4次元のかたちがあったとして，それを3次元に投影したら，3次元のわたしたちにわかるのではないか．投影した後の3次元の像が取り扱いにくかったらちょっとしんどいかもしれないが，これまでやってきたやり方で，さらにもう一度紙の上の2次元に投影した図に描き直す手もあるだろう．苦労はあるかもしれないが，4次元のかたちがわたしたちにわかる道が開かれているのである[5]．

つまり，いまからわたしたちのしようとしていることは，4次元のかたちを3次元人のわたしたちが見ることである．それに先立って練習問題としてまずこれを1次元下げて，3次元のかたちを2次元人が見ることを想定してみよう．

もうおなじみのことであるが，念のため3次元の立方体を2次元に投影してみよう（図2.4）．z軸のまわりに30°ずつ回転した後の投影である．透視図法によって手前のものは大きく，うしろのものは小さく投影されている．2次元人は，この図2.4の下の七つの図を見て図の上に描かれている立方体をイメージしなければならない．どの図にもいろいろな方向から見た正方形が6個あることはすぐにわかる．これらの正方形が取り囲んでいる何かを実感することになるのだが，わたしたちは立方体を知っているから，脳に以前からつくりあげてある立方体に対応づけて，「ああ，あれか」とすぐにわかる．立方体が脳の中になかったら，あれこれ経験を組み合せて，すなわち修業して概念をつくることになるのだろう．それにならって，いまから4次元のかたちについてわたしたちはこの修業をする．ややこしくなったとき，頼りになる唯一の手掛りは，一つ次元を落としたときどうなっていたかを振り返ることである．

考えやすい簡単な立体として，ここでは3次元の立方体に対応する4次元のかたち（これを超立方体という）を取り上げる．立方体は3次元デカルト座標系では，たとえば，$x=0$, $x=1$, $y=0$, $y=1$, $z=0$, $z=1$の六つの面（2次元の正方形）に取り囲まれた立体であると表現できる．超立方体は4次元のデカルト座標系を(x, y, z, u)とすると，いま述べた式に$u=0$と$u=1$を加えた八つの超平面（3次元の立方体）に取り囲まれた超立体であるといえる．

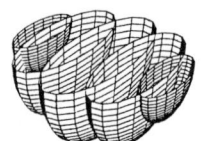

2. 4次元世界の動物を解剖する

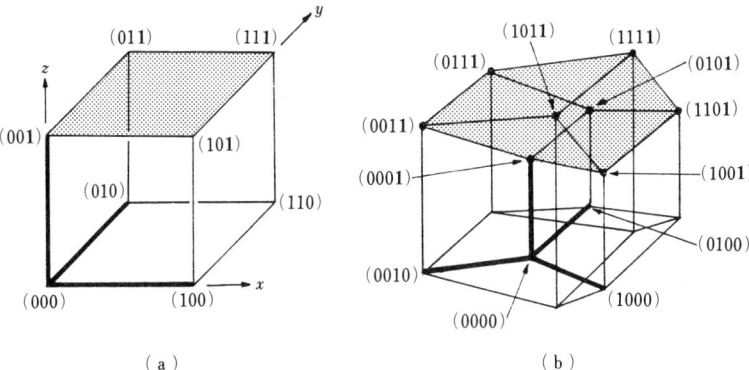

●図 2.5
（a）立方体．3次元デカルト座標系において六つの面（$x=0,1$；$y=0,1$；$z=0,1$）で囲まれている．（b）超立方体．4次元デカルト座標系において八つの超面（$x=0,1$；$y=0,1$；$z=0,1$；$u=0,1$）で囲まれている．

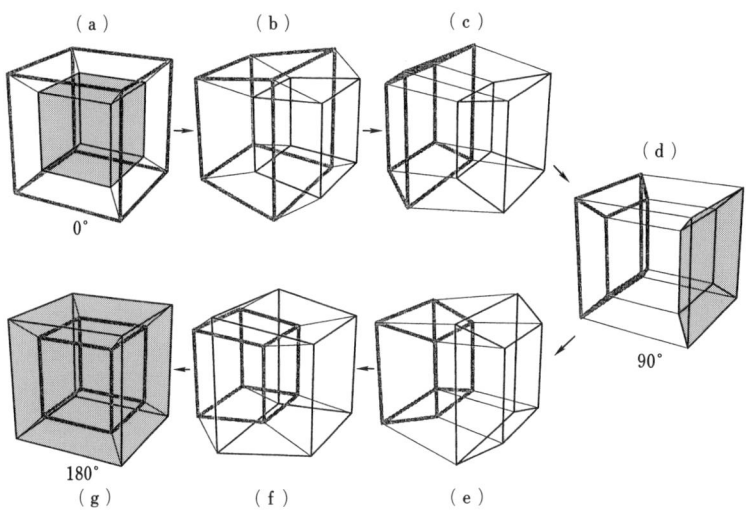

●図 2.6
超立方体（4次元の"立方体"）をほぼ30°ずつ回転し，3次元に投影した図

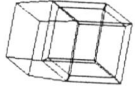

2. 4次元世界の動物を解剖する

3次元の立方体の一つの面，たとえば$z=1$の面は記号＊を0か1かどちらでもよいとすると，(＊＊1)で表せる点が頂点となる．すなわち，(001), (011), (111), (101)の4頂点でできた$z=1$面上の正方形である（図2.5(a)）．立方体はこれに類する正方形6個によって囲まれている．4次元について形式的に同じことをやってみよう（図2.5(b)）．
超立方体の一つの超面（立体），たとえば$u=1$の超面は(＊＊＊1)で表す点が頂点である．すなわち，

(0011), (0111), (1111), (1011), (0001), (0101), (1101), (1001)

の8頂点でできた$u=1$超面上の立方体（超正方形）である．超立方体はこのような立方体8個によって囲まれている．これを3次元に投影したものを図2.6(a)に示す．この中に8個の立方体が描かれている．外枠のように見える立方体と中央にある立方体はすぐにわかるだろう．残りは中央と外枠の二つの立方体の間にある台座みたいな6個の6面体である．投影によって立方体はこのように歪んでしまった．なぜこんな歪みが起こるかは，図2.4において3次元では4角形はどれも正方形のはずなのに2次元に投影することで菱形や台形に歪んでしまったことを考えれば納得いくだろう．

幾何学的な数値についてまとめておこう．面の数は，立方体は6面（六つの正方形）であったのが，超立方体は8超面（八つの立方体）．頂点の数は立方体では正方形の2倍の8点，超立方体では立方体の2倍の16点．稜の数は立方体では各頂点から3本，たとえば，(000)から(100), (010), (001)の3頂点の方向へ出ている．超立方体では各頂点から4本，たとえば(0000)から(1000), (0100), (0010), (0001)の4頂点の方向へ出ている．

立方体を図2.4で回転したように，超立方体を回転してみよう．3次元でz軸のまわりに回転すると，座標はxとyが変わりzは不変である．そこでz軸まわりの回転をxy回転とよぼう．3次元ではx軸，y軸，z軸まわりの回転はそれぞれyz回転，zx回転，xy回転のことである．これに相当する4次元の回転はx, y, z, uから2変数を選ぶ場合の数だけあって，xy, xz, xu, yz, yu, zuの6回転あることになる．超立方体についてこのうちの一つの回転を行い，3次元に投影したものが図2.6に示してある．

8個の"立方体"のうち中央のものに注目すると(a)，90°回転で側方の台座のような見え方に変わり(d)，さらに回転して初めから180°回転したところで，外枠のような"立方体"に見えるようになる(g)．一方の"立方体"から他方の"立方体"が抜け出たり，またそれが他の"立方体"を覆うように変化する．何かこの3次元世界では考えられない変容が起こっているように見える．このようなありさまをいろいろ眺めることが，4次元のかたちがわかる境地に達するための修行になるのである．つまり平面に投影した立方体を見て6個の面（正方形）に囲まれた立体をイメージできた（図2.4）．これと同じように，超面で囲まれている何かを実感することが4次元をわかることにつながる．

4次元がすぐにわからなくても，このようにあれこれ努力したあと再び3次元に戻ることは，わたしたち日本人が英語や中国語などの外国語を学んだときに改めて日本語について新しい発見をする気分に似て，楽しいことである．

2. 4次元世界の動物を解剖する

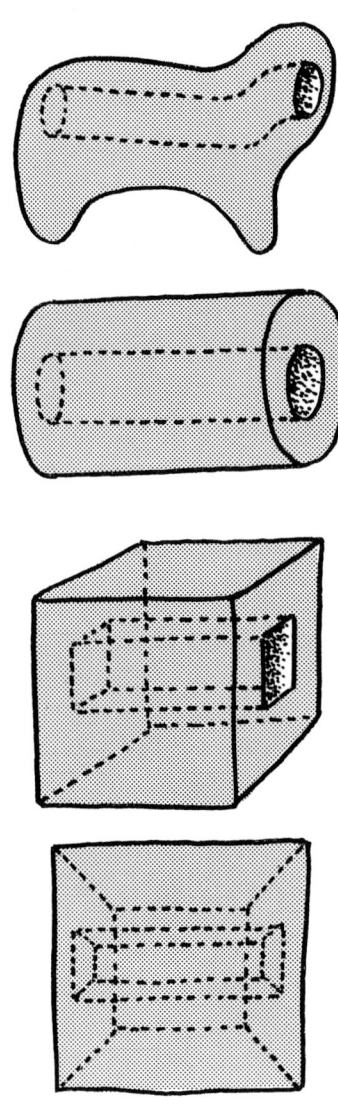

●図 2.7
3次元世界の動物は口から肛門にかけてトンネルの通ったちくわ構造になっているとみなせる．

2. 4次元世界の動物を解剖する

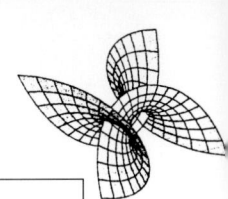

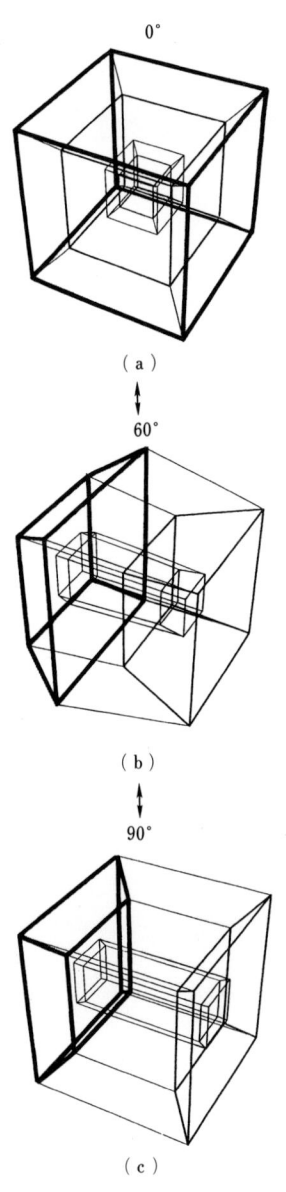

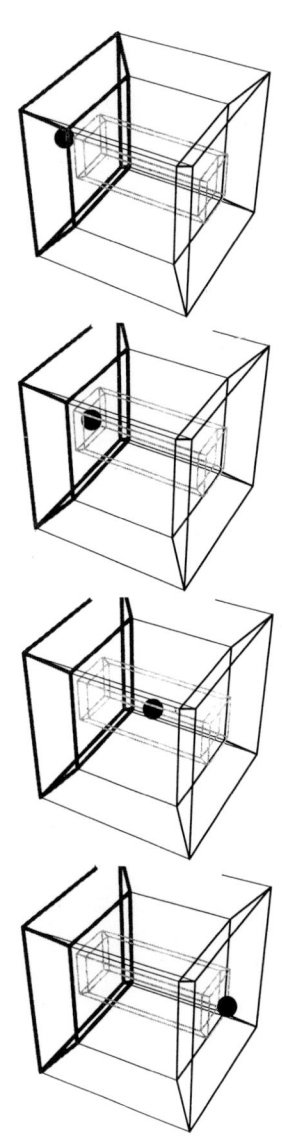

●図 2.8
4次元世界の動物のちくわ構造.
(a), (b), (c)は順々に30°回転
したあと3次元に投影した図.

●図 2.9
4次元動物のトンネルに物体(黒い球)を通す.

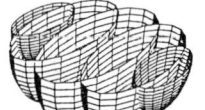

2. 4次元世界の動物を解剖する

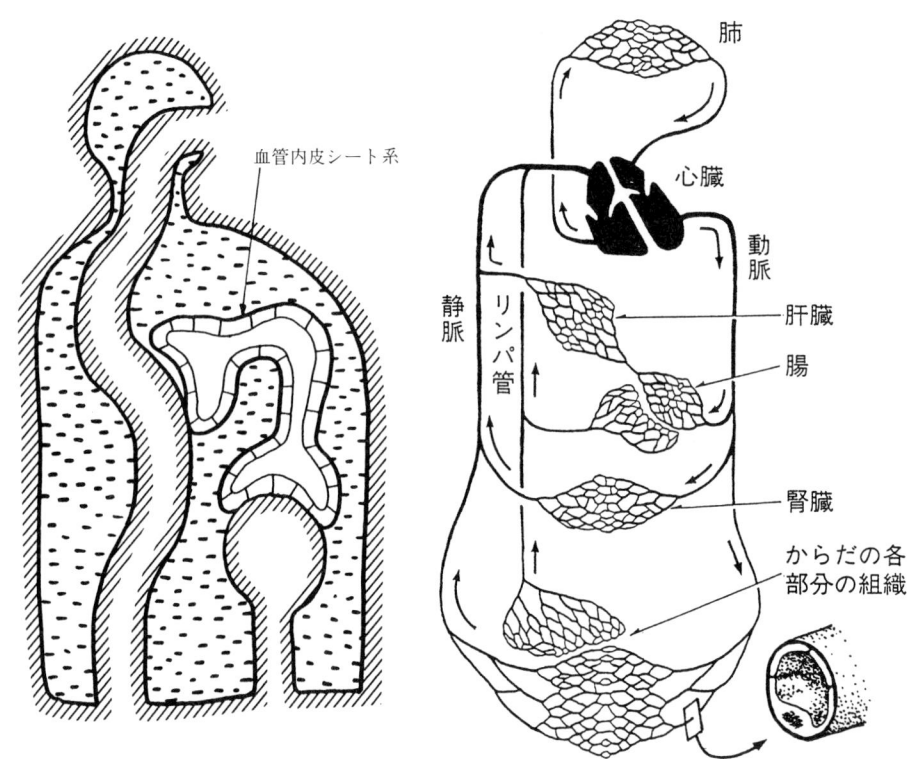

●図 2.10
(a) 3次元世界の動物はシートで包まれた内部にもう一つのシート系(血管内皮細胞でできたシート)が外側のシートと背中合せに存在する.
(b) 血管内皮シート系(文献2による).

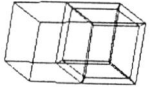

2.3 ● 4次元の動物

わたしたちは第1章で一つ穴のドーナツ構造の動物を考えることにした．上皮シートで外界から仕切られた動物のからだを，できるだけ単純化して考え，口から肛門への1本のトンネルだけがある構造を考えるのである（図2.7(a)）．連続的な変形によって，これはちくわと同じかたちであることがわかる(b)．また，これまでわたしたちが考えてきた立方体に直方体のかたちの穴があいたものと考えても同じである(c, d)．(d)は透視図法により正面から眺めたところである．

このように単純化した動物のかたちの4次元版はどうなるだろうか．超立方体に超直方体のかたちをした穴をあけたものと考えてよいだろう．この超立体を3次元に投影したら図2.8(a)のようになった．超立方体の中に小さな超立方体のようなものが見える．後者が穴のかたちなのだろうが，まるで超立方体のようで超直方体のようには見えない．投影方向が適当でなくて超立方体と超直方体の区別がつかなくなったらしい．4次元の中で回転してみよう．60°回転で図2.8(b)になり90°回転で(c)のようになった．ここでトンネルらしきものが見えるようになった．立方体の中につくったトンネル（図2.7(c), (d)）は立方体の相対する二つの正方形にそれぞれトンネルの出入口があった．超立方体の中につくったトンネルでは図2.8(c)でわかるように台座のように見える相対する二つの立方体（超正方形）にトンネルの出入口がそれぞれ存在する．

よく見ると，この立方体にあるトンネルの出入口は，台座のような立方体の中で宙ぶらりんになっているように見える．穴は本当に外にあいているのだろうか．確かに穴が外にあいていることはあとで示すが，ここで宙ぶらりんに見える理由は，3次元を2次元に投影した場合（図2.7(d)）を考えれば納得できる．つまり中央の直方体の穴は立方体の中に浮かんで見える．この直方体の穴が外とつながっているかどうかは，3次元世界にいるわたしたちのような人間だから見当がつくのであって2次元人にはわからないことだろう．

図2.8(c)を見ていると，外まわりの8個の立方体のうち中央の立方体にも穴があいてしまっているように見える．しかし，これはただ3次元へ重なってそう見えるだけである．なぜならこの中央の立方体は，図2.6の回転を思い出してほしいのだが，回転をさかのぼると図2.8(a)の向かって右側の台座タイプの立方体であることがわかる．穴はあいてない．これは図2.7(d)に示した3次元立方体で中央に見える小さな正方形は，直方体の穴と重なっているだけで，正方形には穴があいてないことと似た事情である．

図2.8に示した回転は，4次元の6個の回転のうちから適切なのを選んで行った．別の回転を行うと，いくら回しても(a)のかたちのまま回転するだけのことがある．これは3次元へ(a)の立方体的なかたちに投影したあと，それをただ3次元の中で回転させていたことになる．

それではいまから，わたしたちのこの穴のあいているはずの超立方体に本当に穴があいているかどうか確かめることにする．

食物を口から入れて食べかすを肛門から排泄するように，黒い球をトンネルの一方の口か

2． 4次元世界の動物を解剖する

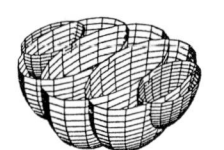

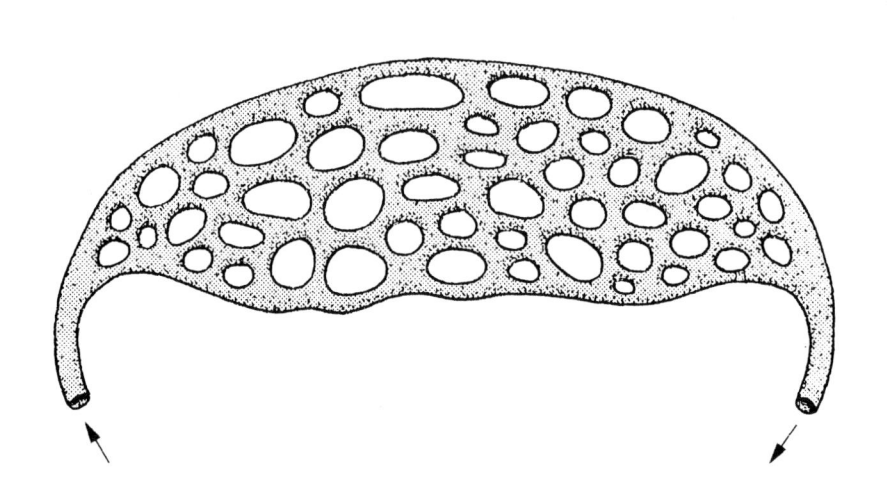

●図 2.11
毛細血管網は大まかにいうと2次元的な網目である（文献1による）．

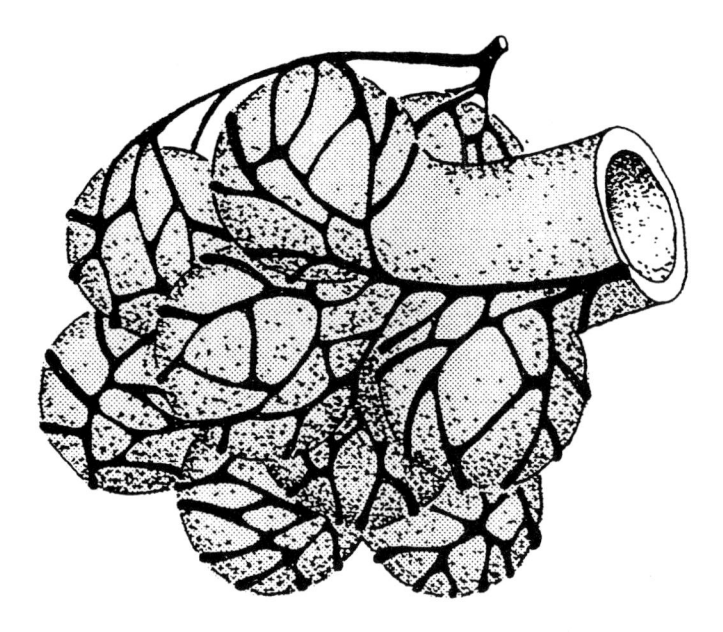

●図 2.12
肺の末端の肺胞シートの曲面に毛細血管網が覆いかぶさっている（文献1による）．

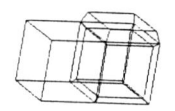

ら入れて他方の口から出すことにする．図2.9を見てほしい．球を超直方体の穴の長い方の軸に沿って動かした．この球は向かって左側の台座タイプの立方体の穴から入り込んで胃や腸の消化管を通過する．このとき，中央の立方体の中を通っているように見えるが，これは投影のせいで，ただ重なっているだけであることはすでに述べた．最後に，右側の台座タイプの立方体の穴から外に出た．球は通過に何の障害もない直線に沿って動かした．図2.9の球の動きの軌跡がその直線であることになる．つまり超立方体にはちゃんと穴があいているのである．

2.4 ● 3次元動物の毛細血管網

4次元世界に動物がいたとしたら…というこれまでの話はわたしたちの3次元世界からの類推であった．この節ではもう少し現実に近づけて，4次元世界に普通に見られるものと似たものがこの3次元世界にも少しは存在しているらしいことを述べる．

動物のからだは上皮シートでぴったりと取り囲まれていると第1章で述べたが，じつはその囲まれた体内に別の上皮シート系，すなわち血管系がシートの表裏を逆にして行き渡っている（図2.10（a））．血管系のことをここでは血管内皮シートからできた系とよぼう．血管にはチューブの内壁に血管内皮細胞とよばれる平たい細胞が張りめぐらされ，これが内皮シートをつくっている（図2.10（b））．チューブは動脈血管として心臓から出て，分岐しながらだんだん細くなる．その先は図2.11に示すような毛細血管網となる．分岐した細い枝がまたお互いに合流して網目をつくるのである．合流が繰り返されて血管はだんだん太くなり静脈血管となって心臓に戻る．この分岐・網目の系で，ほとんどの内壁は血管内皮細胞が敷きつまり，血液がみだりに外に漏れないようになっている．

多くの臓器は図2.1で示したようにからだの表面とつながった上皮シートでつくられている．血管系の内皮シートはこれと背中合せに密着して物質の交換を行っている．たとえば，すぐあとで構造を示すが，肺の上皮シートと血管の内皮シートの密着したところでは口や鼻から吸入した酸素分子が密着部域を横切って血液中に入り込み，炭酸ガスはその逆のルートをたどる．また，腎臓での内皮シート・上皮シート密着部域では血液中の老廃物が通り抜けて尿となって外へ出る．血管系はこのようにいろいろな物質の体内での輸送を行っている．

物質の血管内外の出入りは毛細血管網の壁を通して行われている．ほとんどの毛細血管網は平面的に広がって（図2.11）上皮シートを裏から覆っている．たとえば，肺では上皮シートの袋が枝分れを繰り返し（図2.12），その一番先に肺胞とよばれる小さな袋になっているのだが毛細血管網は面状になってこの袋の表面を覆っている．

小腸では腸管内側のしわの表面に，絨毛とよばれる上皮シートでできた小さな突起が一面にまるでカーペットのように覆っている．この構造によって腸内壁の表面積をかせいで栄養の吸収効率を上げる．1本の絨毛を見てみると，絨毛の内側に毛細血管網がドーム状に裏打ちされている（図2.13）．毛細血管網が面状に広がってドームを形成しているのである．

皮膚の表皮の下には血管がたくさん走っているが，肢足では図2.14に模式的に示すよう

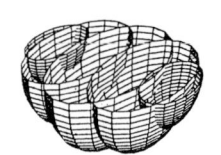

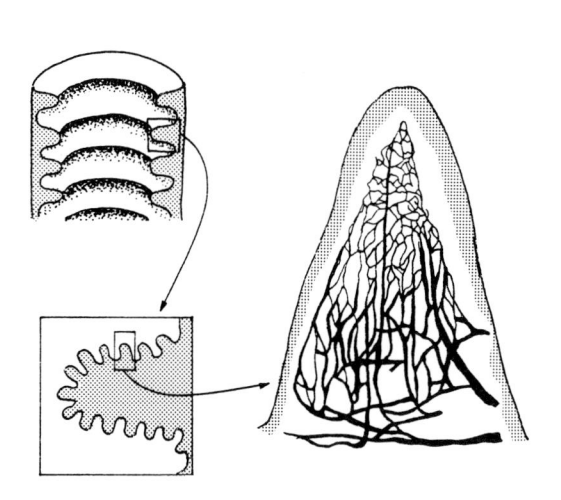

●図 2.13
小腸の絨毛の毛細血管網（文献7に基づき改変）

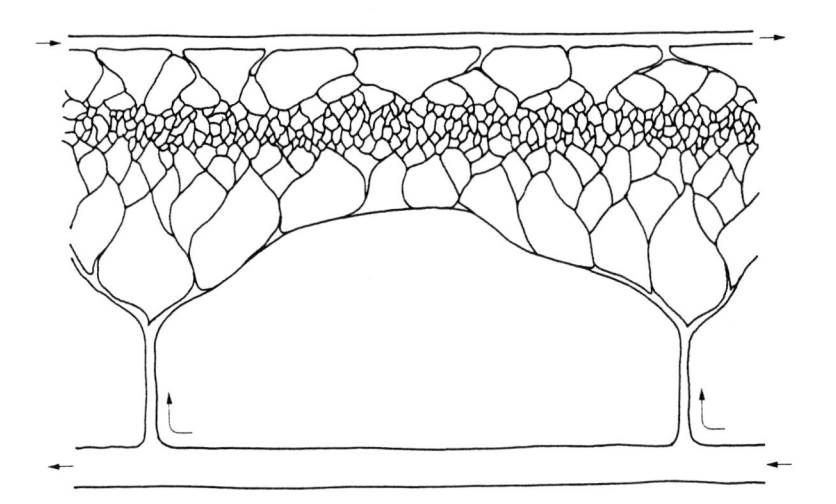

●図 2.14
皮膚近くには毛細血管網が，全体としては2次元的に皮膚に平行に広がっている（文献3に基づく）．

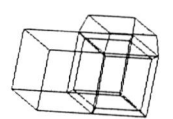

2. 4次元世界の動物を解剖する

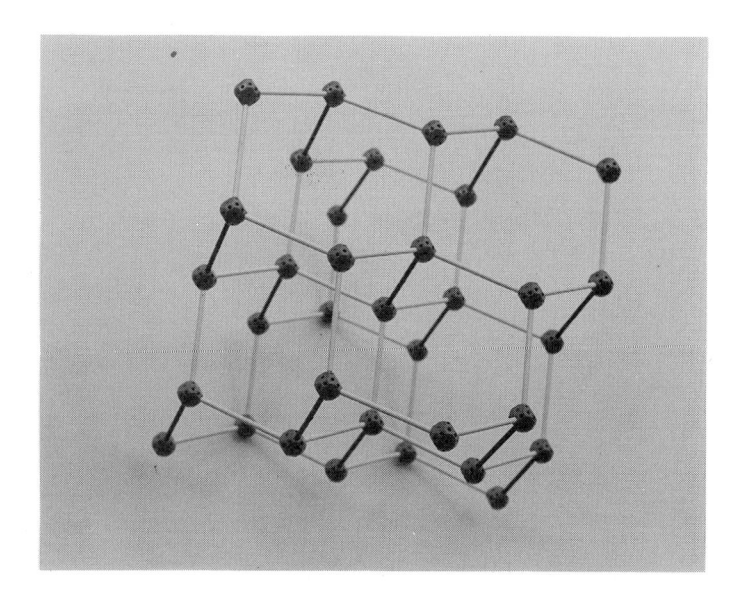

●図 2.15
2種類の4次元的毛細血管網

(a)

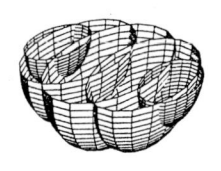

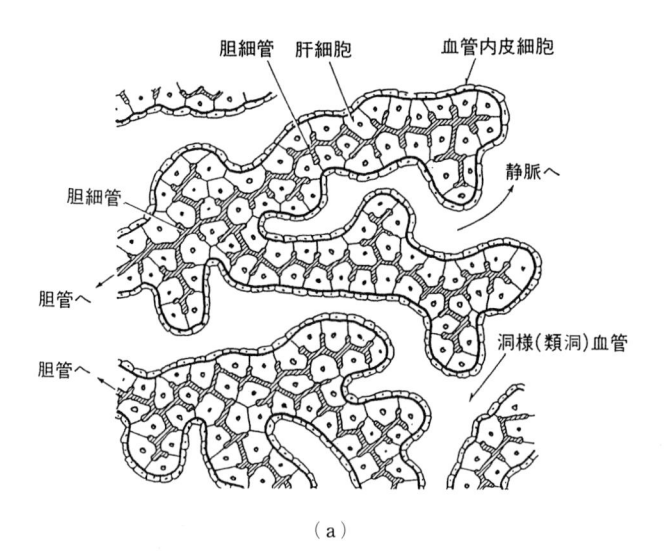

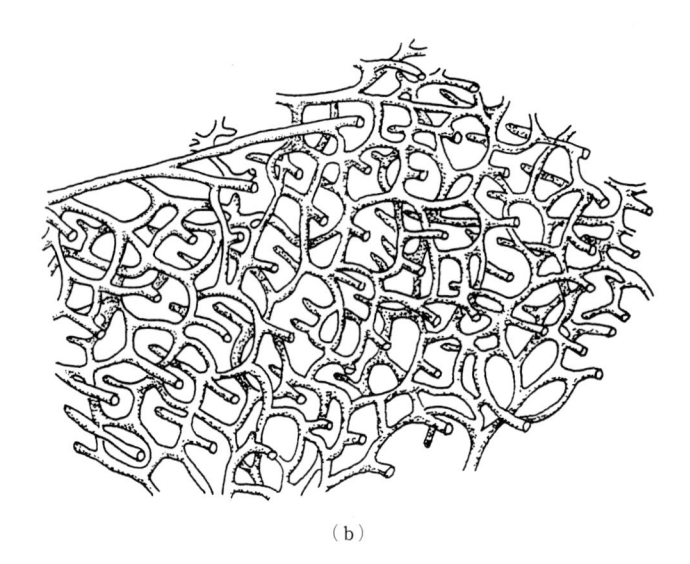

(b)

● 図 2.16
(a) 肝細胞は板状に集まって(血管内皮細胞を介して)血液中につかっている．板の中は胆管につながる胆細管が網目をつくっている．この図はむりやりに2次元的に描いたもので，実際は3次元的構造になっている(文献2による)．
(b) 肝臓に見られる洞様(類洞)血管網．肝細胞は描かれていない(文献4に基づく)．

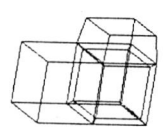

に，全体として見ると毛細血管網は面状に皮膚表面に平行に広がっているようである．
からだは3次元世界にあって3次元的広がりを持つのだが，じつは2次元的な上皮シートで覆われ，さらにこの上皮シートが折りたたまれてできている．毛細血管網の多くはこの2次元上皮シートに沿って面状に，すなわち2次元的に広がるのである．

注：3次元空間におけるこのような2次元的網目の4次元版には，図2.15のような2通りがあることが数学では知られている（宮崎興二）．

2.5 ● 4次元動物の毛細血管網

3次元の動物は2次元的な上皮シートで覆われて，このシートに沿って毛細血管網があった．それでは，4次元の動物は3次元的な"シート"（超シート）で覆われているはずである．実際，4次元の超立方体は3次元的な超面，すなわちここでは3次元の立方体で覆われていた．そこでは毛細血管網に相当するものが3次元超シートに沿って存在するはずである．3次元的に広がった毛細血管網とはどんなものだろうか．3次元的広がりであればわたしたちが直接見られるものであるし，現実に見ているものにその類似物があるかもしれない．
血管の分岐はほとんどの場合，2股分岐であるといわれている[6]．そうなら4次元の動物では，血管は3股に分岐して3次元的に広がっているのかもしれない．毛細血管網では3次元では図2.11のようなものであったのに対し，図2.15のような広がりがあるのかもしれない．
そこで思いあたるのは洞様とか類洞とよばれる血管網のことである．これは血管が不規則に3次元的に分岐したような形をしている．肝臓の洞様について少し詳しく考えてみよう．肝臓には腸からきた栄養をたっぷり吸収した血液が入り込み（門脈血管を通って），肝細胞と接触して処理されたあと，心臓へ（静脈血管を通って）戻っていく（図2.10（b））．肝細胞は（血管内皮細胞を介して）肝臓の血液につかっている．この肝細胞は奇妙な上皮細胞であって，細胞でできた板を形成しその板の中に（胆管を経て消化管につながる）胆細管の網目を持っている（図2.16（a））．肝細胞の板は分岐したり，穴があいたりしながら血液の中に充満しているから，血液のある空間は隙間が不規則につながってできた空間である．これが洞様である．いわゆるスポンジ構造と似ている．
この肝臓の洞様は，2次元的な毛細血管網が付加的に拡張して3次元になっているようには思えない．洞様を分岐体とみなしたときに2股分枝か，3股分岐かどちらになっているかは興味深い問題であるがこれを含めて詳しい調査が必要である．しかしとにかく，他の臓器に見られる2次元的な毛細血管網とはかなり様相が異なっている．4次元動物にふつうに見られるはずの3次元的毛細血管網は，わたしたちのいま見ている肝臓の洞様と似たものであると考えたらどうだろうか．わたしたちは期せずして4次元動物のからだにある一部を見ているかもしれないのである．
洞様は肝臓のほかに脾臓，骨髄，リンパ節，胎盤などに存在するといわれている．単純な毛細血管網からはずれたものを十把ひとからげに洞様とよんでいる可能性がある．新しい方法論による詳しい調査が必要である．4次元のかたちを考えることがきっかけになって，

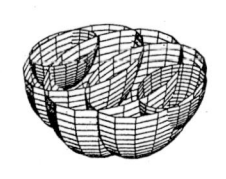

この世のかたちがより明確にとらえられることになる．

参 考 文 献
1) 本多久夫：シートが変形して生物体ができる．かたちの科学（小川　泰・宮崎興二編），朝倉書店，1987.
2) 本多久夫：シートからの身体づくり，中央公論社，1991.
3) C. J. Longland : *Ann. Roy. Coll. Surg. Engl.*, **13**, 161, 1953.
4) 松本武四郎他：肝臓, **20**, 223-247, 1979.
5) 宮崎興二：Hyper Space 1, 53-56, 1992.
6) 諏訪紀夫：病理形態学原論，岩波書店，1981.
7) D. Winne : *J. Theor. Biol.*, **53**, 145-176, 1975.

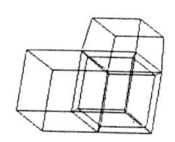

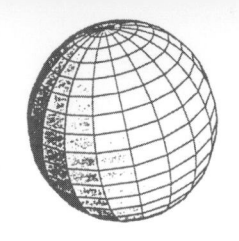

物理学と4次元 ③
小川　泰

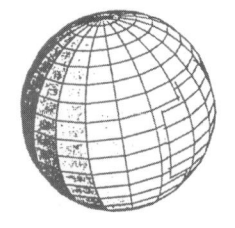

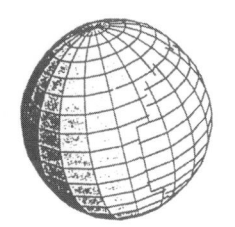

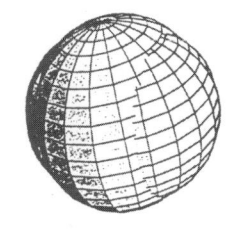

3. 物理学と4次元

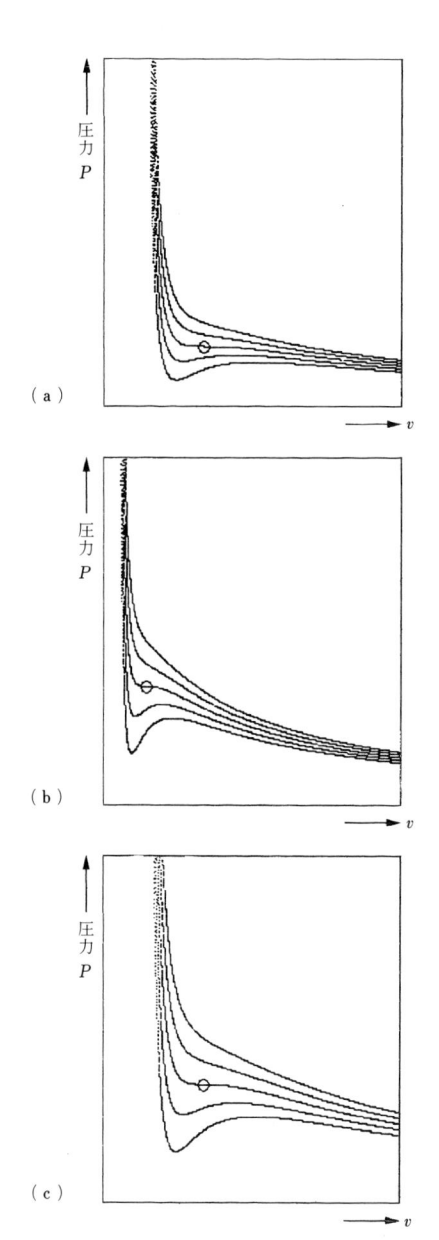

●図 3.1
説明のために仮想的に想定した三つの不活性元素の気体と液体に対するファン・デル・ワールス状態方程式(圧力を体積の関数とする等温線).
それぞれ臨界温度付近の五つの温度について図示してある. 無次元化の考えに従って, 横軸縦軸をそれぞれ一様に伸縮すれば, (a), (b), (c) は一致してしまう. ○印は臨界点.

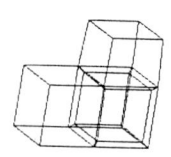

3.1 ●次元のいろいろ

物理学で次元というとき，三つの場合がある．第1に，速度は $[L]$ で示される次元を持つ長さを $[T]$ で示される次元を持つ時間で割ったものだから次元 $[LT^{-1}]$ を持つというような物理量の次元．すべての物理量は，質量 $[M]$ も仲間に入れた $[L^l M^m T^n]$ という形の次元を持っている．この意味での次元が違う物理量の大小は比較できない．ときには，関連しうる物理量を網羅しておいて，次元だけに着目した関係式をつくる次元解析法も有力な方法である．たとえば振子の周期 T の次元は $[T]$ であるが，関係する物理量が振子の糸の長さ l と重力の加速度 g だけなので，それらの次元 $[L]$ と $[LT^{-2}]$ だけの組み合せ，つまり乗除だけで $[T]$ が表せることになる．つまり $[L]^x [LT^{-2}]^y = [T]$ としたとき，L は左辺では $(x+y)$ 乗，右辺では0乗，同じく T は $-2y$ 乗と1乗であり，これらを満たすのは $x=1/2, y=-1/2$ となる．したがって，$T=c(l/g)^{1/2}$ という形が求まる．

第2の次元は空間の次元．幅のない直線，曲線のように長さという1変数だけで指定できるのが1次元．平面，曲面のように位置の指定に2変数を要するのが2次元．我々が住んでいる空間のように，縦・横・高さというような3変数を使わないと記述できないのが3次元である．4次元以上の空間を考えることもできる．

第3の次元は時間と空間を分離できないものとする相対論でのものである．時間と3次元空間を結びつけた4次元時空というものを考えるが，4次元という言葉から，この方を思い浮かべる人も多い．

さて，ここではおもに空間だけを考えた第2の次元を扱う．とくに，この意味での次元数によって異なるような性質に着目したい．ときには，いろいろな物理量を軸にとった空間を考える場合もある．4次元にはとくにはこだわらないが，高次元の理解をめざして低次元から直観を養っていく．

3.2 ●高次元ほど遠くが多い：拡散と局在

当然のことながら，高次元になるほど遠くが多い．原点から R の距離にある点の分量は，1次元なら R によらずにたったの2点なのに，2次元では半径 R の円周上の点だから R に比例し，3次元では球の表面だから R^2 に比例するというように，R が大きいほど多くなっていく．そして，その傾向は高次元ほど大きい．そのことから，まず次のようなことが起こる．

でたらめに歩いて目的地にたどりつく確率は，高次元ほど低い．酔っぱらっても，せいぜい電柱に昇るくらいにして，空中を飛んだりしない方がよい．帰れなくなってしまうから．これは冗談としても，この基本的な事実を反映する物理現象はたくさんある．一般に，高次元の方が拡散しやすく，低次元の方が局在しやすい．火事を考えれば，低次元なら広がりを防ぎやすいが，高次元ほど隙間なく閉じ込めるのはやっかいになる．電子が原子の中に捕まえられているような量子力学の束縛状態もその一例といってよい．磁気を帯びた分

後期石炭紀

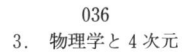

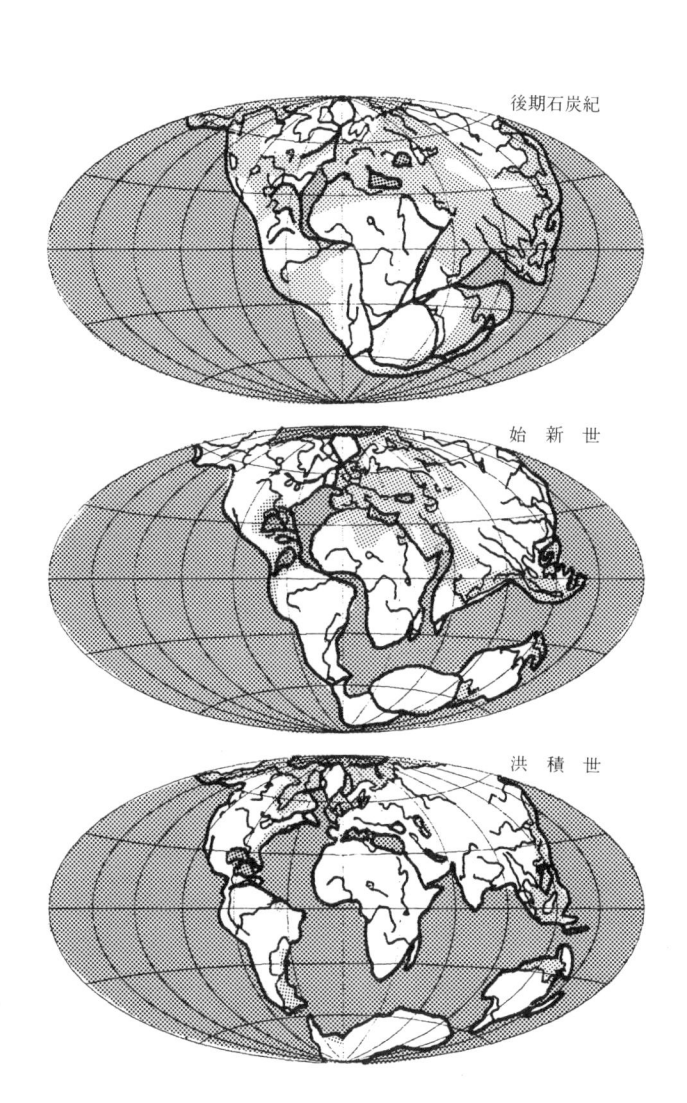

始新世

洪積世

●図 3.2
大陸移動説を説明するウェゲナーの図

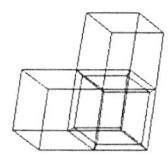

子が熱運動に逆らって向きをそろえた磁石になったり，また別の物質が超伝導状態になったりという秩序状態を低温で実現する相転移現象は，高次元の方が起きやすい．1次元では相転移が起こりえないことが知られている．いくらエネルギーが低い状態でも，秩序は絶対零度でしか安定でない．これについては，§3.5（a）で再び論じる．

3.3 ●無次元化：普遍化の技法

物理学では，一般的・普遍的な性質・法則に関心を持つ．物性物理学でも，これこれの物質の性質という個別的なこともちろんたいせつではあるが，ある物質群に固有の性質にも着目する．気体に比べて分子が密に寄り合った液体状態への凝集は臨界温度 T_c よりも低温でのみ起こる．この温度では，液体と気体の区別がなくなってしまう臨界状態というものがあり，その体積と圧力を V_c と P_c で表す．図3.1は，温度を保った時の体積値に対する圧力値を曲線で示したものである．物質ごとに T_c, V_c, P_c などが違うので別々の図になる．しかし，温度・体積・圧力をそれぞれ T_c, V_c, P_c の何倍かというように表せば，物質ごとの図の縦横をうまく伸縮させることに相当し，温度もうまく換算されるので，不活性気体では物質によらずに1枚の図になってしまう．第1の意味の次元について無次元化した見方である．

風洞実験などで尺度が違う縮小実験などが可能なのも，無次元化に関連した次元解析の賜であるし，無次元化の見方は重要である．磁性についての相転移，誘電体についての相転移，超伝導についての相転移などという秩序の種類についてもこだわらずに相転移現象一般，さらに臨界現象（臨界状態付近の現象）一般というように，物理学の対象を一般化，普遍化することができる．そこでは無次元化の手法が駆使されている．その研究結果によれば，臨界現象の特徴は系が何次元的なつながりをもっているかと，量子力学が効くかどうか（という表現をされることが多いが，小さいエネルギーの波動励起があるかどうかといった方が正しい）には関係するが，秩序の種類にはよらない．このような理論領域では，空間の次元自体を物理学の研究対象とし，次元数を整数値に限らず，連続的に変化できる実数のパラメータとして考察することもある．そこでは各次元値ごとへの特別の思い入れは必要ないとして，次元値一般についての普遍化に関心を集中しているのである．過去30年ほどの間に著しい発展があった分野である．理想的な臨界状態は特徴的な尺度を持たない状態であり，部分と全体が同じ形をしているという自己相似性，フラクタルの世界でもある．その意味での次元，フラクタル次元とも関わりがある．

3.4 ●次元とかたち

しかし，筆者自身の興味あるいは研究上の趣味からすると，各次元の個性に着目してそれを味わいたい．以下ではその一端について述べる．

筆者は1980年以来かたちについての学際研究に携わっているが，かたちとは何をさすのかという問いに，ときおり次のジグソーパズルの例を持ち出す．ふつう，ジグソーパズルを

●図 3.3
正方形内を任意の精度でくまなく覆うペアノ曲線.

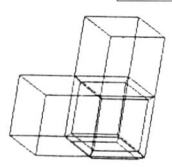

3. 物理学と4次元

解くのには周辺部から始めるほか，絵柄や色調に頼る．絵柄や色調のないマニア用のものでは純粋に各片の輪郭の形で判断せねばならず，きわめて難しい．ところで，1次元のジグソーパズルというものがあるとすれば，棒なり紐なりを適当に切断したものがこれにあたろう．絵柄に相当する区別がないならば，何の制約もなしに棒を勝手に並べることができる．向きもおかまいなしである．絵柄のような区別があってこそ，やっとパズルとして成立する．ここで言い表したいことは，2次元では絵柄がないと難しかったのに1次元ではかえってやさしすぎるという難易の逆転である．なぜそんなことになるのかというと，2次元では1次元にはない形というものがあるため，といいたい．絵柄がない場合，1次元では各片の長さの総和が容器の長さに一致すれば，解の存在が保証される．ところが2次元では，いくら各片の面積の総和が容器の面積に一致しようとも，うまくかみ合って隣り合えるものがなければどうしようもない．つまり，面積というような量だけでは各片を特徴づけられないのである．1次元の領域は位置のほかに長さだけで特徴づけられるが，2次元領域は面積だけでなく形をもっている．ウェゲナーに大陸移動説の発想をもたらしたのは大陸の輪郭の形が似ているということで，まさにジグソーパズルのかみ合う相手の問題であった（図3.2）．

同じことは角度についてもいえる．平面角は長さの場合と違って360°でもとに戻るが，形は持たない．ところが立体角は形を持った面積である．1次元にはない形というものが2次元で発生し，3次元ではより複雑になる．新しい属性が現れるのを見落とさないよう注意しながら，形の概念を豊かにするよう遊び心をもって直観を鍛えながら1次元ずつ進んでみたい．

次元と形が政治にからむ話をしておこう．政治家たちにとっての政治改革とは，腐敗防止ではなく，ましてや理念や論議内容に関することではないらしい．1票の重みの格差とよばれる定数是正もろくに行わないままで政治改革すなわち選挙制度の変更のようにいうが，とくに，定員1人と決めて選挙区割をする小選挙区制は問題が多い．政権移行が可能な制度というが，絶対多数となってしまった場合の歯止めはどうなっているのだろうということが第1に気にかかる．小党に分裂し連立が避けられない時代には，なおさら小選挙区制にこだわる理由がない．しかし以下では，私見をはさまず，形の問題として考えてみよう．定数を1区1人としたとき，当初から定数の格差を排除できなかろうし，人口分布が変動したときの定数是正について選挙区組替えの原則を決めずにすむはずがない．いかなる選挙制度を採用するにせよ，選挙区を設けるからには，あとは機械的に行えるように選挙区割の原則は成文化しておくべきである．1次元なら，選挙人名簿は地理的な端から順に記載して，1議員を選出する有権者ごとに機械的に区切っていけばよい．しかし，2次元には形という属性があるために，一義的に順序をつけられないのである．現実に選挙人名簿には順序をつけて記載されているが，この順序には随所に地理的な飛躍があるはずである．しかし，平面を飛躍なしに1次元化する方法がなくはない．図3.3に示すペアノ曲線という人工的な「曲線」で，正方形内を任意の精度でくまなく覆う一筆描きである．これを使えば飛躍のない選挙人名簿，つまり地域の順序づけができそうな感じがするが，図のx軸とy軸の選択など至る所に恣意性があり，決して形の自由度を縛るものではない．ただどちら

立 体 視

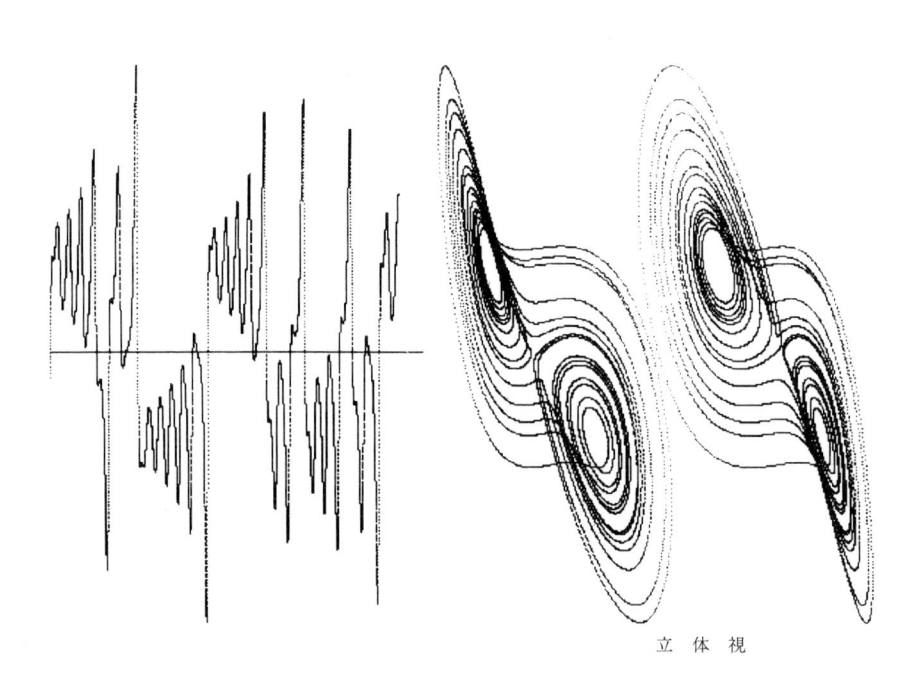

●図 3.4
左図のような複雑な振動をする糸の挙動を，3変数の値で瞬間の状態を3次元空間の一点として表す流儀によって3次元状態空間で見たものが右図．カオス的な軌道を表す糸の姿を裸眼立体視用に図示した．左図でいえば，上側で振動するのか下側で振動するのか，何回振れるのか，気まぐれにみえる．しかし，この図でみれば，複雑ではあるが因果関係がみえる．二つの渦は2枚の曲面上にある．これらの曲面は，鉄道の折り返しに使われるスウィッチバックのような具合に1枚につながっている．渦の内側から外側へと向かい，ある位相値での振幅が臨界値を超えると別の渦の内側へと移動する．より外側からの方がより内側に移る．

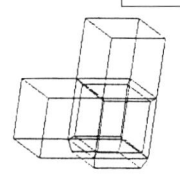

向きのペアノ曲線であれ，エイヤッと決めてしまえば選挙人名簿の記載順序を決めることには利用できる．ただし，選挙運動にも不便な変な形の選挙区がいっぱいできてしまうだろう．1人という定数から発想する小選挙区制自体が持つ不自然さの一つである．

3.5 ●高次元ほど多様

●a●情報伝達の経路

次に情報伝達の経路というものを考えてみよう．一本道の1次元空間での情報伝達は，1点で切断することで途絶えてしまう．2次元，3次元の空間では，ある部分を孤立させるにはそれぞれ閉曲線や閉曲面で切り離す必要がある．つまり，情報伝達の経路が高次元ほどたくさんある．高次元では，ある経路で誤情報が伝えられたとしても，他の経路で修復可能である．これは，情報伝達を秩序伝搬と読みかえれば，前に述べた相転移の秩序形成の容易さの解釈の補足になっている．

五目並べ・連珠を一般次元に拡張すると，末広がり傾向の強い高次元ほど発展を止めるのが困難で，先手が圧倒的に有利である．立体五目並べは，「盤」の狭い「4目並べ」であり，しかも石は宙には浮かない．

●b●カオスと糸のもつれ

最近，カオスの物理学というものがはやっている．気まぐれな蝶の羽ばたきが，地球の裏側での大災害を引き起こしたりするバタフライ効果などとセンセーショナルに表現されもする．予測不能という事態がかなりありふれたことだというのである．情報不足のために予測困難なのではなく，ある種の系では，原理的に予測不能に陥るというのである．それも，宇宙の始まり方だけで歴史が定まってしまうという決定論的な系でも起こるという．

これを幾何学的に解釈してみよう．ある時刻における系の状態が，いろいろな物理量の値を表す空間の1点に対応するとしよう．つまり，N個の物理量の値を決めればN次元の1点が決まり，時間が進むとこの点がこの空間内で動いていく．その動きの法則が決定論的だとする．この空間の各地点での動き方が一通りに決まっているということである．この軌跡は決して枝分れしたり交わったりすることはない．でないと一義性に反してしまう．

さて，そうすると1次元（$N=1$）では，ある方向に動き出せば引き返すことができない．もし引き返すことができるなら通過する地点では動き方が1通りに決まっていないということになるからである．その場合Aという値から始まった運動が無限の時間をかけてやっとBという値に達するならば，この運動はAとBの間の区間におさまる．その区間がいくつかに分かれてしまうことはあるが，別の区間が入り乱れることはない．

一方，2次元では平面上に輪になった糸を置けば，中と外の2領域に完全に分かれてしまい，別の領域へはその紐を越えなければ行かれない．2次元では，もしも閉曲線の軌跡があれば，その内側にある軌跡と外側にある軌跡は混り合うことがなく分離している．

ところが3次元では事情が異なる．閉じた糸では空間を孤立させることができない．何本かの糸の端をたばねて持ったとしよう．糸はしだいに離れ離れになって，その間に別のと

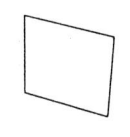

3. 物理学と4次元

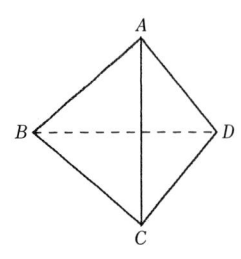

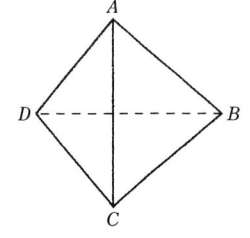

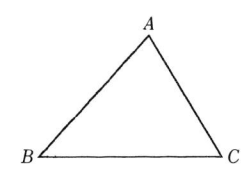

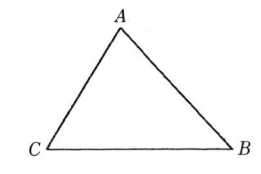

●図 3.5
立体異性体．（a）3次元，（b）2次元，（c）1次元．

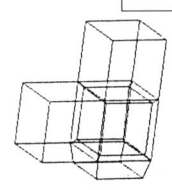

ころからの糸がもつれ込むことがありうる．3次元の糸はもつれうるのである．
枝分れのない糸で表したのは運動が一通り決まっている決定論だということである．糸をたばねて考えたのは，初期状態の決定が決して鋭利にはいかないことを表している．つまり決定論であっても，いかにわずかとはいえ初期状態に広がりを許すならば，3次元以上では不確定要因が忍び込みうるということを物語っている．カオス軌道に相当する1本の糸の例を図3.4に示す．非常に接近した場所を通過したあと，離れ離れになってしまうことが起こりうる．

● c ●高次元での右左

回転しながら第3方向に進む螺旋は1，2次元にはなく，3次元になって初めて現れ，右ネジ，左ネジのような区別がある．化学で炭素の4本の手に4種類の基(原子団)が結合したとき，立体異性ということが起こる(図3.5)．全く同等な結合の仕方が二つあり，それらは右手と左手の関係のように，同型でありながら3次元世界でいくらひねくり回しても一致させることができない．SF的な解釈では4次元に持っていけば右ネジは左ネジに容易に裏返せる．3次元直交座標系のX, Y, Z軸の選び方にも2種類があり，やはり右手系，左手系とよぶ．とにかく，3次元では2種類の可能性がある．高次元ではいくつの可能性があるのだろうか？　また，意味の違う超立体異性の可能性が現れるのだろうか？　正解を知らないが，かねて考えていることを記そう．むしろ，手掛りをお持ちの読者に教えていただきたい．

立体異性の種類数2をどう理解するか？　右左という自由度の数2をどう理解するか？　直交座標系の軸に記号あるいは順序を割り振ることを考えよう．与えられた3次元直交軸に対して，一つは自由に記号を選べるとして，X, Y, Zの三つの記号に順序をつける方法は$3! = 3 \times 2 \times 1 = 6$種類があり，3本の直交軸はすべて同等なので，第一順序の軸をどれにとるのかについて三つの可能性は区別できないので，$3!/3 = 2$を「相対的な種類」の数と考えてよい．円卓の席を割り当てる方法の数を数えるのに，太初の無垢な一様性は主賓の位置を決めたときに破れるが，それをどこに決めようと主賓に相対的な関係が他の$(N-1)$人で決まるようなものであると理解してもよい．円順列と同じに，N次元なら$N!/N = (N-1)!$ということになる．4，5，6次元ではそれぞれ6，24，120である．これらの次元では，本当にこんなにたくさんの右左的なものがあるのだろうか？

一方，線形代数によれば，ある直交座標系から原点が一致する別の直交座標系に移る座標変換を表す行列は直交行列である．その行列式の絶対値は次元によらず1で，値自体には正負の2種類しかない．これはいくら次元を高めても低めても変わらない．1次元でも2次元でも右左があるという矛盾は4種類の基が参加して初めて実現するという説明での「立体異性」という言葉に惑わされすぎているため起こるのだろうか？　3次元空間での「立体異性」は通常の説明通りだろうが，1次元なら2種類，2次元なら3種類，一般にN次元なら$(N+1)$種類の基が参加すれば，「それぞれの次元での立体異性」が実現すると考えられるのではないか？　というのは，たとえば3次元空間の中の2次元ではなく正真正銘純粋無垢な2次元空間を考えるならば，一般の不等辺3角形は裏返しのものとは厳然と区別され

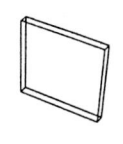

3. 物理学と4次元

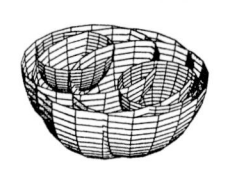

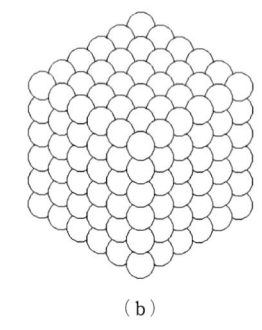

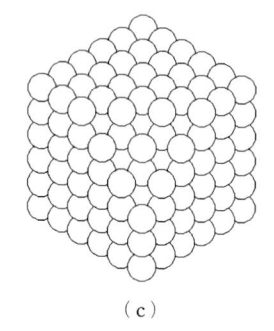

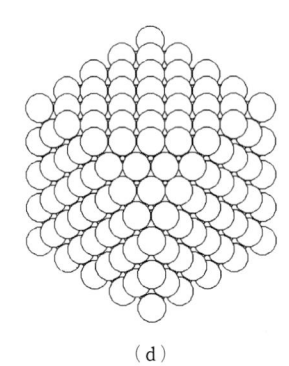

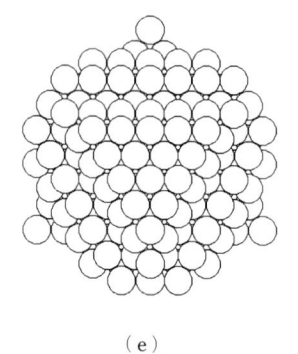

●図 3.6
2, 3次元の最密格子. (a) 2次元3角格子. (b) 直交3方向とも整数の点にのみ同大球を配置した立方体状の単純立方格子. 各正方形面内で球どうしが接触しているが, 最密ではない. (c) これを立方体の対角線に直交する平面で切った正3角形の切口面内では球が接触していない. (d) (c) と同じ流儀で表示した面心立方格子. 正3角形面内で球が接触し, 3次元最密格子の一つ. (e) 同じく6方最密格子.

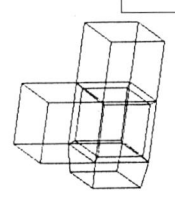

る．純粋な1次元では方向転換ができない．西を向いた犬のしっぽは永遠に東を向き，決して東向きの犬にはなれないのである．東向き犬と西向き犬も，純粋1次元では「立体異性体」というべきであろう．

それでは，いくら高次元でも2種類しかなく，1次元高い空間で裏返せるということになるのだろうか？

たとえば，ふつうの地図が空から見たように描いているのに対して，地下に視点をおいた地図をつくればすべて裏返しになってしまい，地表にある2次元的な対象については左と右が逆転する．そこで，ちょっと難しいが別の見方をしてみよう．北極を中心とした北半球を円で表す地図を考えよう．南半球は赤道の外にある広々とした領域に相当する（両半球が対等でないので不公平感が漂うが）．この時の地球と地図の関係を1次元高めて考えると次のようになる．4次元地球の赤道に相当するのは球であって，内部は北半球で，外部は南半球という具合になる．つまり，内部と外部の関係は次元を高めれば，両極の関係に置き換えることができる．そこで何次元でも左右が必ず2種類ならば，まず球面上の同一物を内側から見たものと外側から見たものの関係として左右を見ておく．次にユークリッド空間ではなく，球面的に閉じた一様な多様体の上でその「赤道」上に原子団を配置し，それらを北半球から見たものと南半球から見たものと解釈すれば左右の同等性がより鮮明になる．これも高次元的な考え方ではある．

しかし筆者は，3次元で初めて螺旋が登場するように，N次元なら先ほどの$(N-1)!$種類という勘定に相当する何か別の意味の超立体異性の自由度，超左右を想定したい．もちろん，3次元ではふつうの左右と一致している．しかし筆者自身も，4次元についてすらまだ直観的な理解に達していない．

異星文化との情報交換という想定で，マーチン・ガードナーが「自然界における左と右」の中でオズマ問題と名づけたものがある．左と右を客観的に定義できる物理的現象は何か？　という問題である．答は1957年にリーとヤンが発見したパリティー非保存現象である．極微の素粒子の世界で働く弱い相互作用では，偶数と奇数に関連したパリティーという性質が保存されていないというのである．オズマ問題を最初に実質的に問いかけた問題設定のクレジットは渡辺 慧に与えられるべきであろう．それより10年早く出版された氏の著書「時間」(1947年白日書院)には，そのままの発想が記されている．より高い自由度を持つ高次元人のオズマ問題はより複雑であるが，超左右を定義できる物理現象ははたして存在するのだろうか？　4次元人は超左右の種類と同じ数だけの手を持っていないと不自由しないだろうか？　少なくとも，フレミング右手の法則・左手の法則（導線の運動・磁場・誘導電流の方向，電流の流れる導線に働く力・磁場・電流の方向の関係が，それぞれ右手左手の親指・人差指・中指を互いに直角に突き出した方向関係になるということ）などというときに不自由するだろう．また，同種類の手とでなくては握手がしにくい．

3次元では行列式の値が1の直交行列は，すべての点の間の距離関係を保っており，かつ左手が右手になったりしない変換，つまり回転を意味している．直交行列は固有値1を必ず持ち，それに対応する固有ベクトルが回転軸に相当する．高次元でも直交行列は回転という理解だけですむのか？　たとえば行列式の値が1の4行4列直交行列が表すものを4次

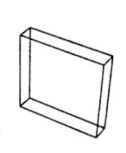

元の回転とよぶならば，固有値1は2重あるいは4重の縮退をしているはずである．つまり固有値1に対応する固有ベクトル，つまり不動点は1次元的な回転軸となるのではなく，「2次元的な軸のまわり」に残りの2自由度が混ざり合うことである．何次元にせよ角度なにがしだけ回転するという事柄は，2自由度の混ざり合いだけである．4次元ならば，1次元的な軸のまわりではなく「平面的な軸」のまわりの回転ということになる．高次元での変換が，回転という言葉だけで満足に表現，記述できるとは筆者には思えない．

● d ●次元と囲碁

ふつうの囲碁はもちろん2次元的な碁盤の上で戦うが，次元が違うと性格が変わる．1次元ではすでに置かれている黒石の隣りに白石を打てば，その白石は飛んで灯に入る夏の虫でそのままアタリとなってしまい，次の黒番でただちにアゲルこともできる．いくらその白石を含む白石の連なりに途切れがあっても，それはメの働きをしない．白黒の境界にはダメが必要であり，ダメ詰めをした方が負である．いわばいつでもセキなのである．メがメの働きをしないのだからわざわざつくる必要もないし，孤立した一石でも生存権を確保していて，存在価値がある．したがって，相手の3目以上連なった地の内部に単身突入しても安全である．それに対して2目続きの空白の両隣が白ならば白の地となり，全く性格の違うゲームになる．

以下はゲームとしての囲碁自体の話ではないが，空間を白黒2領域に二分することの多様性の話である．1次元では白領域が手前の端から向こうの端まで到達すれば，当然のことながら黒領域は存在しない．ところが，2次元ならば手前の端，向こうの端といってもそれぞれ1点ではなく線状になっている．また，空気と水の間なら空中の雨粒，水中の泡のように，相手領域の中にばらばらに浮かぶような孤立領域が可能である．ただし，それぞれの場合ごとに一方が他方を囲んでいるのであって対等な関係ではない．3次元では，鎖の環のようにお互いに対等に囲み合うこともできる．4次元にはこんな柄のブチ犬がいるかもしれない．

また2次元では，正方形の周囲の4辺に達する大領域はせいぜい一つに限られる．もちろん白黒双方というわけにはいかない．それに対して3次元の場合，立方体の6面に達するような領域は，白黒ともいくつもつくれる．

3.6 ●次元にもそれぞれの事情がある

● a ●奇数次元と偶数次元

3.4節で立体角について触れたが，この大きさは単位球面上で大円弧で区切られた球面3角形領域の面積に相当する．この値は3頂点における内角の和から360°引いたもので表される．つまり著しいことには，面積を測るのに内部の点をすべて訪れるように積分しなくても周囲を回るだけで，より正確には3頂点だけの情報で表されてしまうのである．このことを導く過程を4次元でまねても，どうしても式が一つ足りない．偶数次元では超立体角を簡単に評価する方法は，うまくみつけられないのである．

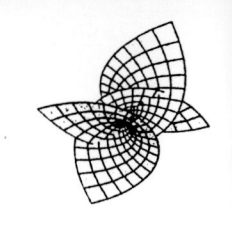

偶数次元と奇数次元とでの同様な区別は，超球の体積の表現にも現れる．

$2n$ 次元では，$\pi^n r^{2n}/n!$,

$(2n+1)$ 次元では，$2(2\pi)^n r^{2n+1}/(2n+1)!!$

と表される(! が二つついた記号は1から始まる奇数のみの積を示す．たとえば $5!! = 5\cdot 3\cdot 1 = 15$)．1次元から6次元まで具体的に書けば

$$2r,\ \pi r^2,\ 4\pi r^3/3,\ \pi^2 r^4/2,\ 8\pi^2 r^5/15,\ \pi^3 r^6/6$$

という具合に π のべきは偶数次元になるたびにだけ一つあがる．

● b ● 同大球の最密充填

話が少し抽象的になったので，もう少し身近にしよう．1種類の球をできるだけ密に詰め込む問題を考えよう．これを同大球の最密充填問題という．この問題について結晶的に規則正しく周期的に詰めていく規則充填に限って考えてみよう．1次元の球は線分のことで，隙間なく100%詰まる．どの線分も両隣の2個と接していて，3個が互いに接することはできない．2次元球は円盤だと思えばよい．至る所で3個が正3角形状に互いに接する3角格子(図3.6(a))が最密であることは納得しやすい．この場合は4個の同大円盤が互いに接することは不可能である．一般に D 次元では，$(D+1)$ 個が1次元の線分，2次元の正3角形，3次元の正4面体のような D 次元単体という形を組んで互いに接することはできるが，$(D+2)$ 番目がこの仲間に対等に加わることはできない．つまり3次元では4個が正4面体状に互いに接して，面心立方格子という結晶構造(図3.6(b))をつくる．これが最密であるという厳密な証明はないが，結果は正しいと信じられている．ただし，3角格子を層状に積み上げた六方稠密格子(図3.6(c))も同じ密度である．先の面心立方格子も同じく積層構造であるが，対称性が高く同等な4方向があり，そのうちのどれか一つだけを指名して積層方向とするわけにはいかない．この面心立方格子は正4面体のほかに正8面体の助けも借りて規則性を保っている．正4面体の数は正8面体の2倍ある．2次元までの最密性の納得方法からすれば，正4面体は納得いくが，正8面体の助けははたして必要か疑問の残るところである．

次に4次元を考えてみよう．5個の4次元超球が4次元単体である正5胞体(4次元正4面体．第9章参照)状に互いに接し合えれば効率がよさそうである．ところが，4次元の最密規則充填は，正5胞体を使わずに，正8面体を表面に持つ正24胞体(4次元菱形12面体．第9章参照)のみで埋め尽くされている．完全な理解は容易でないが，正5胞体が現れにくいことは次のようにして納得できる．

まず3次元に戻って考えよう．3次元での正4面体は，立方体の8個の頂点から一つおきに4個の頂点を取り出してそれらを互いに結べばできあがる．しかし，これは3次元の特徴であって，一般の次元でいつも似たことが起こるわけではない．D 次元立方体の頂点の数は 2^D 個，D 次元単体の頂点数は $(D+1)$ である．これらの折り合いがよいのは，$(D+1)$ が2のべき乗，つまり $2^1=2=1+1, 2^2=4=3+1, 2^3=8=7+1, 2^4=16=15+1, \cdots$ などである．つまり我々が住む3次元は，$4(=2^2)$ 次元の一つ手前という特殊な次元であって，たまたま正4面体が立方体と密接に関係する．同様の特殊事情は7次元，15次元などで起こる．なお

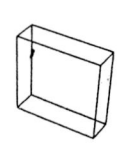

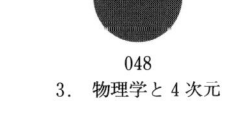

4次元の特徴は，辺長1の超立方体の一番遠い頂点を結ぶ対角線の長さが辺長の2倍ということである．また，超立方体の24枚の側面の中心はたまたま正24胞体の頂点に一致する．この特殊事情が自己双対な正24胞体の存在を可能にしている．

●c●情報の符号化

最密充填の問題は，情報理論での符号化問題とも関係している．0と1の2進法で情報を表現するとき，N桁の2進数に2^N種類のことを区別する情報を盛り込むことができる．しかし，何かの事情で0と1の並び方が変わってしまい別の情報になってしまわないように，すべての可能性を使わず，互いにできるだけ隔離してゆとりを持たせると安全である．そうすると，適当な半径の超球を，N次元超立方体の頂点だけに配置する問題と一致する．この場合もきれいに無駄なくできるのは特殊な次元数の場合である．このような符号化問題で有名なのが24桁に$2^{12}=4096$種類の符号を割り当てるゴーレイ符号とよばれるものである．

そのほか前項で述べた2次元3角格子を層状に重ねた六方稠密格子や面心立方格子のように，低い次元の最密格子を次から次へと層状に重ねる重層格子を考える場合にも特殊な次元数がある．つまり，12次元を中心とする10～14次元と24次元あたりではいくつかの方式が可能だという．その特殊事情を直観的に理解したいものだと興味を持っているが，低次元から順々にやっていかないと直観が鍛えられない．筆者自身，やっと4次元についてちょっと見え始めたかなという段階である．この符号化理論関係の充填問題については，コンウェーとスローンの詳しい本(Conway and Sloane: Sphere Packings Lattices and Groups, Springer, 1988)がある．

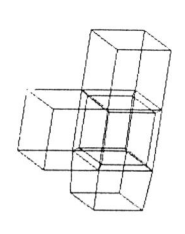

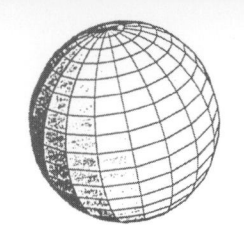

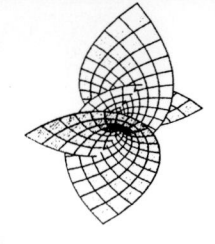

原子核と4次元 ④

和田一洋

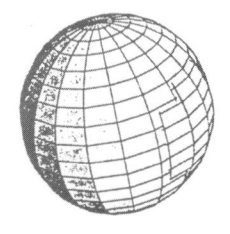

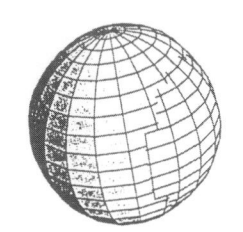

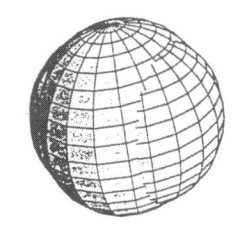

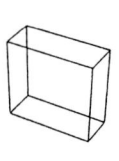

4. 原子核と4次元

4.1 ● 4次元のいろいろ

最初に，一口に4次元といってもいろいろな種類のものがあることを述べておこう．

● a ● 第1種4次元――一般的な4次元――

物質の状態はいくつかの条件を定めることによって定まる．気圧が1気圧(1013.25hPa)のとき，水は0℃で凍り，100℃で沸騰する．この場合，水の状態は圧力と温度の2変数で定まるので，水の状態は2次元的に決まることになる．

水にイソブチルアルコールを加えるとどうなるだろうか．圧力を1気圧，温度をたとえば60℃に保ってイソブチルアルコールを加えてみる．イソブチルアルコールは水に溶けるので，最初のうち液は単一相のまま，つまり1層であるが，溶解限度を超えると少量の水を含んだイソブチルアルコールからなる第2の相が現れて2層に分かれる．さらにイソブチルアルコールを加え続けて，全体の組成がイソブチルアルコールに対して水が完全に溶解するようになると，今度はイソブチルアルコールを主成分とする単一相つまり1層に戻る[1]．このような二成分系液体の相変化は，圧力，温度，組成比の3変数で3次元的に定まることになる．

それでは4次元的に定まる状態にどのようなものがあるだろうか．ある物質の状態を定めるのに，圧力，温度，組成のほかにもう一つ条件が必要なものを探せばよい．たとえば，炭酸ガスレーザーの発振(位相のそろった単色光の発生)を考えてみよう．炭酸ガスレーザーを発振させるには，炭酸ガスに適当な比率で窒素およびヘリウムを混ぜ(炭酸ガス：窒素：ヘリウム＝1：2：7)，圧力を2kPa程度に保って，レーザー管を冷却しながら(約20℃)約15kVの電圧で直流放電させる．すなわち，このレーザーを発振させるには組成，温度，圧力および電圧の四つの条件を定める必要がある．

条件の数が一つの場合を1次元的，二つおよび三つの場合をそれぞれ2次元的および3次元的性質とよぶことにすれば，その拡張としての4次元的性質が特別なものでないことは容易に理解できる．つまり，いずれにしても現象はいくつかの条件で決まるのであって，ただ，その条件の数が多いか少ないかの相違があるだけである．数学的にいえば，関数がいくつの独立変数を含んでいるかの違いだけになる．このように，種類の異なる独立変数四つで記述される事象を第1種4次元的事象とよぶことにする．

● b ● 第2種4次元――やや特殊な4次元――

次に3成分系の物質を考えてみよう．水と酢酸およびクロロホルムからなる液体系では，圧力，温度，水と酢酸の組成比および酢酸とクロロホルムとの組成比によって液相が単一相になったり2相になったりする[1]．この場合，この物質の状態は圧力，温度および二つの組成比で定まる．この例では独立変数の数は四つであるが，その中に組成比という同種の変数が二つ含まれている．このような4次元を第2種4次元とよぶことにする．

第2種4次元はじつはもう一つある．2種類の独立変数をそれぞれ二つずつ含む場合であ

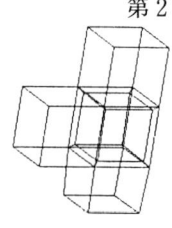

る．たとえば，3成分系化合物の，面上のある点の性質を問題にするような場合である．点の位置は二つの位置座標で表せるから，独立変数は組成比二つと，位置座標二つになる．以上の二つの第2種4次元を区別するために，四つの独立変数のうち，二つが同種類で，残りの二つが異なるものを第2種A型4次元，また，残りの2変数も同種類の場合を第2種B型4次元とよぶことにする．

● c ● 第3種4次元—地上こそ4次元—

我々は縦・横・高さの広がりを持つ3次元の世界に住んでいる．これに時間を一つの変数として加えると，4次元になる．このように2種類の独立変数からなり，そのうちの1種類を三つ含んでいるような4次元を第3種4次元とよぶことにする．3次元空間と時間からなる4次元は，時・空4次元ともいう．

我々が物事を認識するのに，短いながらもある有限の時間を必要とする．すなわち，ある瞬間にそのものは変化しないとして3次元空間の事象を把握し，次いである時間経過後の事象を把握してそれが前の事象と異なっていれば，それは時間的に変化するものとして認識する．もし我々が事象を認識する瞬間に変化が生じれば，それは目にもとまらぬ速さの変化ということになる．

君子豹変するというが，偉い人はひょっとすると，単に3次元空間内で時間の流れに沿って生きているだけではなく，時間の次元を泳ぎ回る第3種4次元人その人なのかもしれない．君子と同じように，つき合うのに苦労するくらい言うことがよく変わる人もいる．このような人の一生あるいは全体像も，それぞれの人が生きる3次元の空間に時間を加えた4次元でとらえれば，とまどうこともないであろう．このようにいうと言動に一貫性がない人はすべて君子ということになってしまうが，じつは両者を見分ける方法がある．「欲」という尺度をあててみることである．そうすれば，その人が一体誰のために，また何のために発言し行動しているかが自ずとみえてくるであろう．

我々にとって時間の経過は日頃経験していることなので，物事を第3種4次元的にとらえるのは，少し気を長く持てば，それほど難しいことではない．それに，自然界の事象に過去から未来にわたって全く変化しないものは皆無であるから，これを時間を含めて4次元的にとらえることはむしろ自然であり，妥当であるといえる．

ところで，時間を含まずに静止像を問題にする場合でも我々の住む地上こそ4次元であるといえば，そんな馬鹿なと顰蹙を買うであろうか．たとえば，液体のように形の定まらない物の真の形は何かを考えてみる．葉の上の露，滴り落ちる水滴，グラスの中のワイン，洗面器の水，川の流れ，海の波，どれをとっても形と挙動が違う．しかし，これらに共通しているものが一つある．重力が働いていることである．液体のいろいろな形や動きは，重力で下向きに引っ張られる液体を他のもので支えることによって得られている．つまり，液体は重力を含めた4次元空間内で3次元的形状との相互作用によってある形を表し，動いているのである．それでは，液体の3次元空間における真の形はどのようなものかといえば，それはスペースシャトルの中に浮かぶ液滴であり，液の塊である．スペースシャトルの中では重力の影響が微弱になるから，液体は，液体分子間の相互作用だけで決まる形

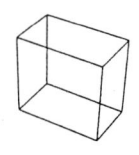

4. 原子核と4次元

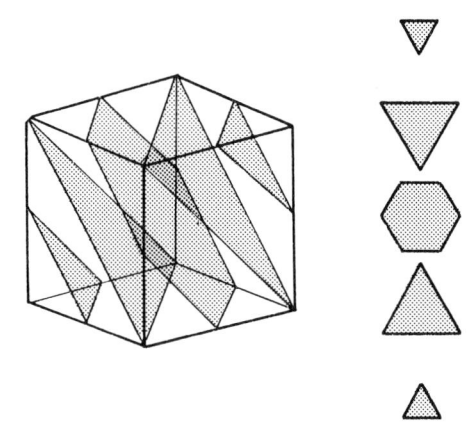

●図 4.1
立方体の切り方と切り口形状その1

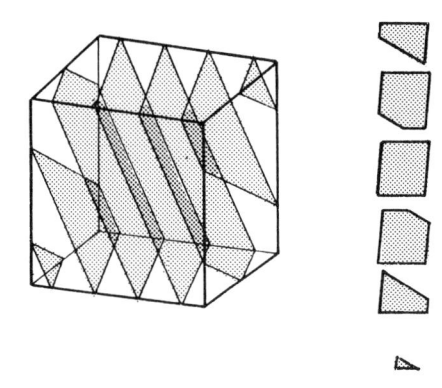

●図 4.2
立方体の切り方と切り口形状その2

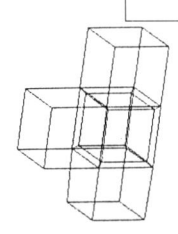

をとることができる．このように考えると，スペースシャトルの中こそ3次元空間で，地上は重力を含めた4次元世界であると認識する方が正しい．重力のない宇宙空間では，地上より自由度が一つ増えるので，4次元の世界が広がるという考え方があるが(第9章参照)，それは逆であると思う．我々の姿や形をはじめとし，地上の物体はすべて3次元空間に現れてはいるが，それは真の姿ではなく第3種4次元的に決まったものなのである．宇宙空間に長期間滞在すると身長が伸びると報告されているところから判断すると，成長期を宇宙空間で過ごした人はとてつもないのっぽになるはずである．我々がそれ相応の身長で地上から離れられずに生活しているのも，地上が第3種4次元世界だからである．

● d ● 第4種4次元―幾何学的4次元―

四つの独立変数がすべて同種類の場合，そのような4次元を第4種4次元とよぶことにする．その代表が空間的なあるいは幾何学的な4次元である．自然科学と4次元との関わり合いでおもしろそうなのは，自然科学における形と，このような空間的あるいは幾何学的4次元との関係であろう．

単に形の上のおもしろさだけではなく，もしかすると科学の進歩に役立つかもしれないと思えるのは，ある次元の世界では多種多様に，したがって別々のもののように見えるものの正体が，じつはより高い次元では一つのものであるという関係である．たとえば，3次元を高い方の次元，2次元を低い方の次元としよう．立方体は3次元では一つの立体である．我々は3次元空間に生活しているから，立方体がどのような向きに置かれていようと，それを一つの立方体として認識できる．しかし，これを2次元の世界で見ると，ことはそう簡単ではない．2次元の世界で見るということを，2次元の平面と，問題にしている立体との交わりの形がどのようなものになるかということに置き換えて考えると，3次元ではたった一つの立方体が，2次元ではある決まった範囲内ではあるが，無数の形をとることになる．たとえば，立方体を立方体の面に平行な面で切ると常に正方形ができる．稜に平行な面で切ると，切り口は線か矩形か正方形になる．中心を通る対角線に垂直な面で切ると，切り口は3角形か6角形になる(図4.1)．また，面の傾きを少し変えると切口の形は3角形や4角形，あるいは5角形にもなる(図4.2)．つまり，3次元では一つの立方体でしかないものが，2次元では3角形や6角形に，また場合によっては4角形や5角形にもなる[2]．2次元の世界の住人には，これらを同一のものとはとうてい認識できないであろう．このような関係の事柄が，3次元世界の我々にもあるのではないだろうか．我々が全く別の現象と認識しているものが，4次元的認識によればじつは同一のものであったということがあるかもしれない．別のものと思ったのは，単に見方が一面的，いや3次元的であったからかもしれない．このような取り扱いができるかもしれない現象がみつかれば，4次元の科学も自然現象の理解におおいに役立つことになる．

3次元と2次元の関係になるが，低い次元で異なった事象に見えるものが，1段高い次元では統一的に取り扱える実例を示しておこう．KBr(臭化カリウム)にHF(フッ化水素)気体を反応させると，KBrの表面にKFHF(フッ化水素カリウム)というK$^+$とFHF$^-$のイオンからなるイオン性結晶が生成する．基板表面(ここではKBr結晶を割ってできた面)上に

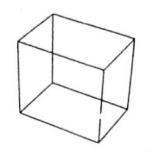

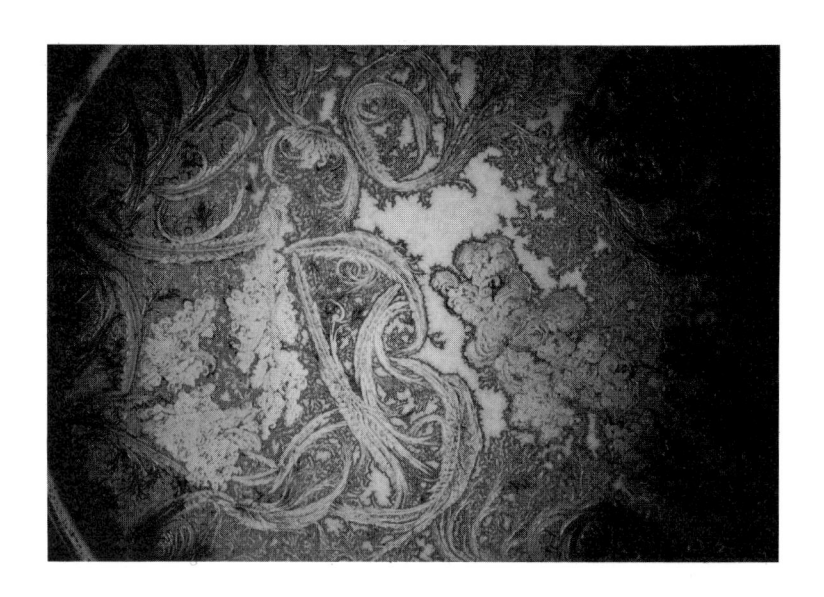

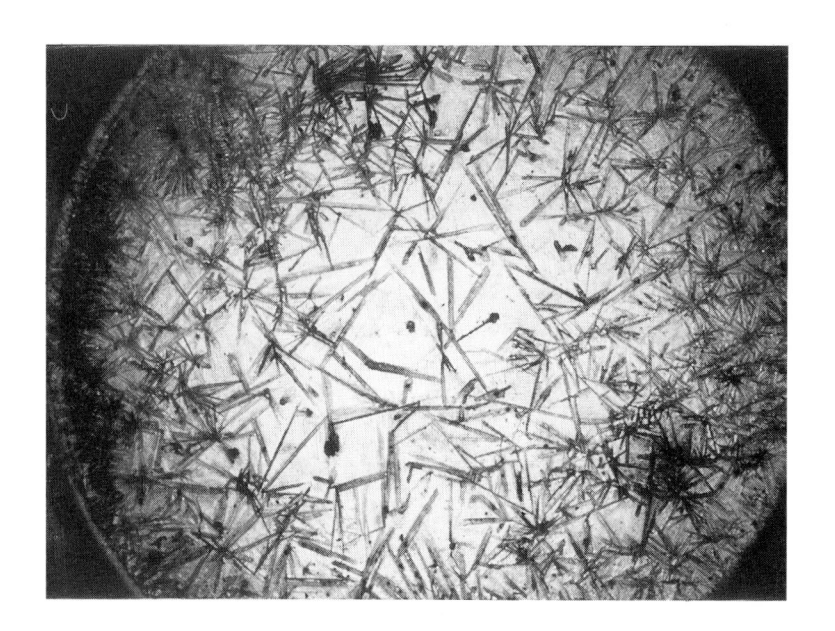

●図 4.3(口絵 1)
エピタキシャル成長した KFHF(フッ化水素カリウム)の結晶. 上：KBr(臭化カリウム)上, 下：KCl(塩化カリウム)上.

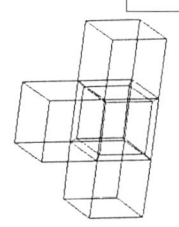

4. 原子核と4次元

基板とは別の化合物の結晶が生成する場合，その結晶成長は基板表面の影響を受ける．このような結晶成長をエピタキシャル結晶成長というが，KBr の上に成長した KFHF の結晶は図 4.3 の上のような模様になる．一方，同じような反応は KCl（塩化カリウム）に HF 気体を作用させても生じ，KCl の上に成長した KFHF の結晶は図 4.3 の下に示すような形状をしている．この二つの模様を見て両者が同じ KFHF の結晶であると見抜ける人は，まずいないであろう．KBr に HF を反応させて生じた化合物と，KCl に HF を反応させて生じた化合物が同じ KFHF というイオン性結晶であることは，それらの赤外吸収スペクトルが図 4.4 の(a)および(b)のように同じであることからわかる．

このような現象を次元の科学の観点から見ると，KFHF というイオン性結晶は正方晶で格子定数（同種イオンの間隔）が $a=b=5.67$ Å，$c=6.81$ Å という 3 次元構造を持っており[3]，それを KBr あるいは KCl（塩化カリウム）それぞれの表面という異なった 2 次元的切り口で見ていることになる．KBr も KCl もともに面心立方格子状の結晶（立方晶，岩塩型）であるが，格子定数が 6.586 Å と 6.278 Å と異なっているため[4]，その上に成長する同じ化合物の結晶が異なった形状を示すことになる．KBr に HF を反応させて得られる結晶と KCl に HF を反応させて得られる結晶とが同じ KFHF であることを知っている者にとっては，両者が全く異なる形状をしていても，KFHF がエピタキシャル成長していることと基板の格子定数の相違とから，結晶の模様が異なることを理解できるのである．

この例は，先述の立方体を平面で切る際に，面の方向や切る場所によって切り口の形状がいろいろに変化することとよく対応している．これから判断すると，3 次元での現象が多種多様であっても，4 次元的に把握することができれば，それらを統一的に理解できるであろうことがわかる．4 次元の科学が 3 次元の科学に寄与するところがあるとすれば，一つはこのような関係においてではないだろうか．

●e● その他の4次元―異色の4次元―

変わり種の 4 次元として，3 次元空間に「気」とか「精神」あるいは「霊」などを加えたものを唱え，超自然的現象の説明を試みる人もいる．しかし，これまで述べてきた分類からすると，このような 4 次元は第 3 種の 4 次元になる．なぜ変わっているかというと，独立変数の中に現在の科学では測定の対象となっていないものを含んでいるからであるが，現在は測定できない物理量も，科学技術の進歩によって将来は十分観測の対象となることも考えられる．実際にイアン・スティーブンソンのように，「テレパシー」とか「虫の知らせ」を科学の手法でまじめに研究しようとしている人もいる[5]．

ところで，幽霊に科学的説明を加えた小説家がいる．海野十三は幽霊にはいくつかの種類があることを断ったうえで，その中の一つは，物が 4 次元世界と 3 次元世界の境界をよぎることによって現れる現象であると定義した．小説は，4 次元世界について研究していた美人の科学者が密室の研究室から忽然と姿を消し，しかもときおり，幽霊となって出没するというもので，その経緯を美人科学者を秘かに慕う隣家の少年の目を通して描いている．この美人科学者は，現実の 3 次元世界から 4 次元世界への移動の方法を見い出したが，3 次元世界へ戻るのに自分の研究ノートを必要とし，それを手に入れるために研究室に現れる

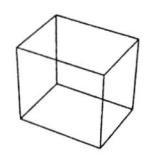

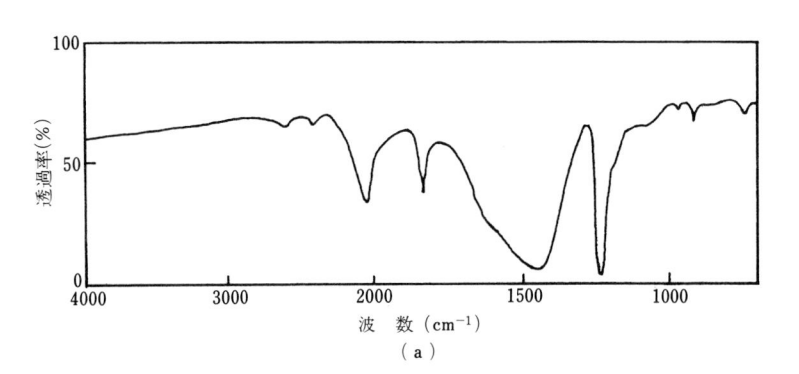

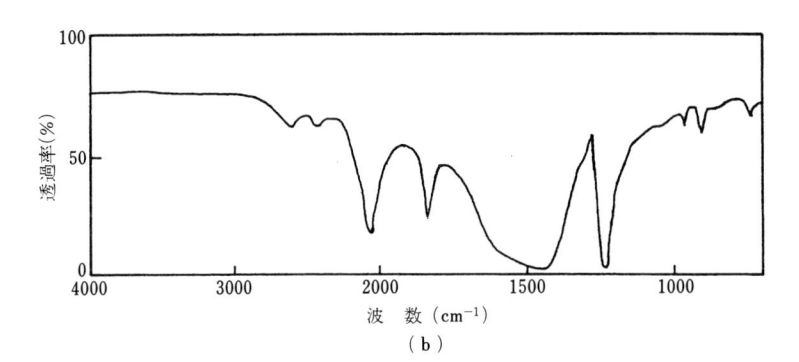

●図 4.4
エピタキシャル成長した KFHF の赤外吸収スペクトル．
(a) KBr 上，(b) KCl 上．

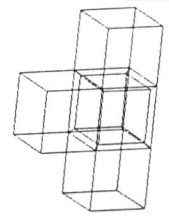

のが，他の登場人物には彼女の幽霊として見えるという仕掛けになっている[6]．幽霊といえば霊の世界とか超自然現象の一言で片づけるか，逆に凡人の理解を超えたありそうにない現象として人を煙に巻くのに使われるのが普通であるが，この小説では3次元の人間には知覚できない4次元の世界を設定することにより，幽霊を科学的に論理に矛盾なく説明することに成功している．この解釈によれば，幽霊は超自然的現象でも，また異色な4次元の現象でもなく，3次元空間と第4種4次元空間との境界で生じる，ごく自然な現象と受けとめることができる．

● f ●各種4次元のまとめ

いろいろな4次元について述べてきたが，ここで簡単のために各種4次元を式で表し，わかりやすいようにまとめておこう．

状態や現象をF，その状態が変数あるいは条件 a, b, c および d を用いて状態式 f で表せるとすると，

$$F = f(a, b, c, d)$$

と書ける．このような約束ごとを用いると，各種4次元は表4.1のようになる．変数のべきは同じ種類の変数が何回使用されているかを意味する．たとえば，長さの変数を x とすると，3次元空間を表す変数は x^3 となる．表には時間を t，温度を T，圧力を p，組成比を n，電圧を V，重力を g で表した場合の具体的な変数の組み合せ例も示しておいた．

表4.1でわかるように，4次元の種類を表す数字は変数の中のべき数と一致している．同じ4次元でもあとの種類ほど式の形は簡単になるが，内容はじつは難しく，また，それ故におもしろくなるはずである．

●表 4.1　各種4次元

4次元の種類	表　　式	変数の具体的組み合せ例
第1種	$f(a, b, c, d)$	(n, T, p, V)
第2種A型	$f(a^2, c, d)$	(n^2, T, p)
第2種B型	$f(a^2, c^2)$	(n^2, x^2)
第3種	$f(a^3, d)$	$(x^3, t\,;\,x^3, g)$　時・空4次元；重力空間
第4種	$f(a^4)$	(x^4)　空間的あるいは幾何学的4次元

4.2 ●似て非なるもの原子と太陽系

物質の最小単位は分子であり，その分子は原子が結合してできている．原子は正の電荷を持った原子核とそのまわりを飛び回る負の電荷を持った電子とからなり，原子核は正の電荷を持った陽子とほぼ同数の電気的に中性な中性子とからなっている．原子核内の陽子数は原子の種類を表す番号（原子番号）に等しい．

原子核の大きさは 10^{-13} cm の数倍程度，電子の飛び回る範囲は 10^{-8} cm のオーダーであるから，仮に原子核を数 cm の大きさに拡大すると，電子は数 km の範囲を飛び回っていることになる．原子は電子の飛び回る範囲を自分の縄張りとし，縄張りを接して結合するが，原子どうしは互いにその縄張りの中へ入ることができない．

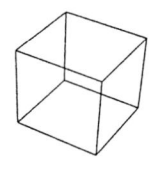

4. 原子核と4次元

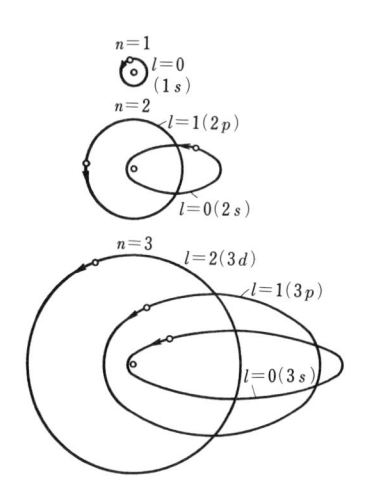

●図 4.5
原子核のまわりの電子の軌道(文献7より)

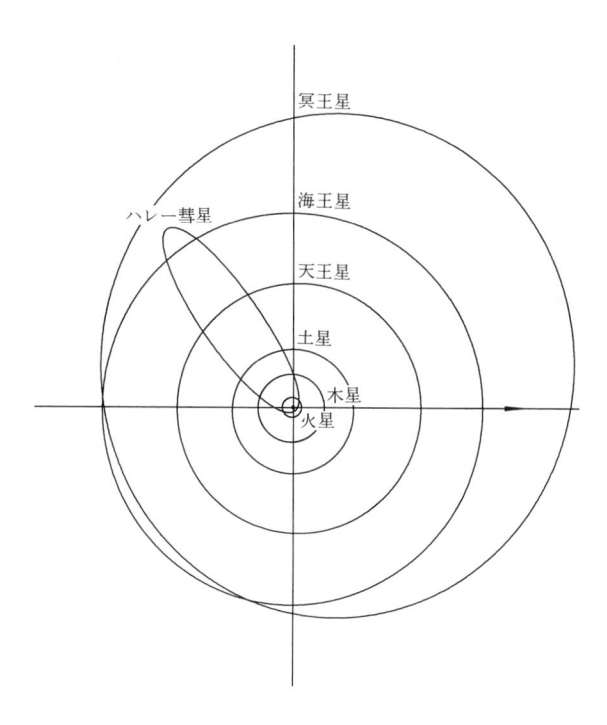

●図 4.6
太陽系惑星および彗星の軌道(作図：大西道一)

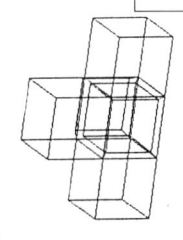

4. 原子核と4次元

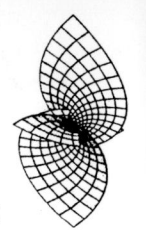

　原子の性質を決めるのは原子核の電荷あるいは電子の数であり，この電荷は原子核の中にある陽子の数によって決まる．陽子は正の電荷を，電子は負の電荷を持っているが，原子核のまわりを飛び回る電子の数は原子核内の陽子の数と等しく，原子全体では電気的に中性となる．

　電子の飛び回る範囲をオービタルといい，その形状および大きさは，電子のエネルギー状態によって決まる．電子が原子核の周囲を回る様子を，図4.5に示すように[7]，ちょうど太陽のまわりを回る惑星の軌道(図4.6)[8]になぞらえて描くことがあるが，量子力学によると原子核のまわりの電子はある定まった軌道を描いて運動するのではなく，電子の存在する領域が確率的に定まるだけである．したがって，原子核のまわりの電子の動きを視覚的に表現するには，電子の軌道ではなく電子の雲(オービタル)で表す方が適切である．図4.7にエネルギー状態の低い方(上)から電子の雲の形状を示す[9]．このように，原子核のまわりの電子の動きは，太陽系の惑星が図4.6に示すようにほぼ同一平面上に軌道を描いて回っているのとは著しく異なっている．

　電子は原子核のまわりを自転しながら回っている．この自転をスピンという．コマの回転が右回りか左回りか区別できるように，スピンにも方向がある．一つのオービタルにはスピンの異なる，すなわちスピンが反平行(回転軸が平行で向きが逆)な電子が1個ずつ，合計2個しか入れない．オービタルにはs, p, d, fなどの種類があって，それらがほぼエネルギーの低い方(上)から表4.2のように位づけされている[7]．これらの位をK, L, M, NおよびO殻とよぶ．s, p, dなどの前に添付した数字の大きい方がエネルギー状態が高い．球状のsオービタルは1種類のみ，8の字形のpオービタルには座標軸に沿ってx, y, zの3種類が，やや複雑な形のdオービタルには5種類，さらに複雑な形のfオービタルには7種類があり，K殻はsオービタルのみ，L殻はpオービタルまで，M殻はdオービタルまで，N殻およびO殻はfオービタルまでで構成されている．したがって，それぞれの殻は電子数が2個(K殻)，8個(L殻)，18個(M殻)，32個(N殻)で一杯になる．電子状態の殻が電子で一杯になることを殻が閉じられるという．このように原子の電子には閉殻構造がある．

● 表 4.2　電子のエネルギー状態

殻の名称	構成オービタル	殻内電子数	原子番号
K 殻	$1s$	2	2
L 殻	$2s, 2p$	8	10
M 殻	$3s, 3p, 3d$	18	28
N 殻	$4s, 4p, 4d, 4f$	32	60
O 殻	$5s, 5p, 5d, 5f, \cdots$		

　原子が他の原子と結合して化合物をつくるかどうかは，電子のオービタルがどの程度満たされているかにかかわっている．電子の殻が満たされた原子はとくに安定で，他の原子とは反応しないことになる．希ガスのHe(ヘリウム，K殻が詰まっている．原子番号2)，Ne(ネオン，L殻までが詰まっている．原子番号10)がその例である．図4.7に示すように，dオービタルやfオービタルは形がいびつで複雑なので，$3d$と$4s$を比べると$4s$の方が，また，$4f$と$5s$とでは$5s$の方がエネルギー状態が必ずしも高いとはいえない．このよ

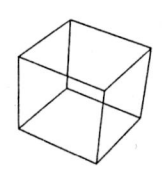

4. 原子核と4次元

s オービタル

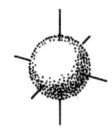

p オービタル

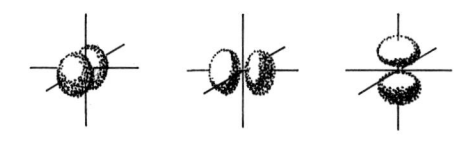

d オービタル

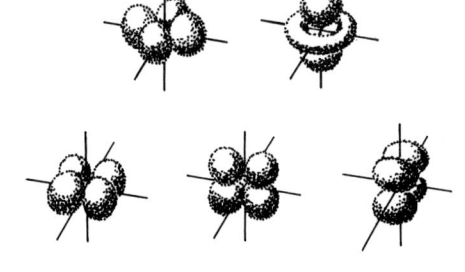

f オービタル

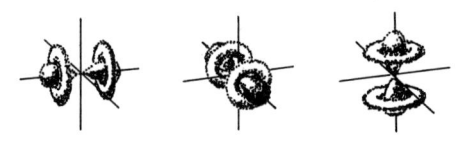

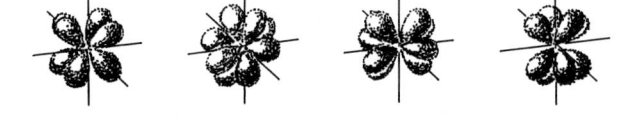

●図 4.7
原子核のまわりの各種電子オービタルの形状

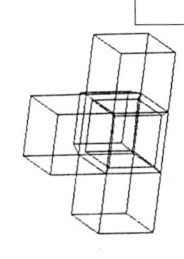

うな事情から，HeとNe以外の重い希ガスでは，殻が詰まるというよりは，pオービタルが詰まることで比較的安定な原子が形成されている．すなわち，Ar（アルゴン，原子番号18）ではL殻と$3p$オービタルまでが，Kr（クリプトン，原子番号36）ではM殻と$4p$オービタルまでが，Xe（キセノン，原子番号57）ではM殻と$4d$オービタルまでおよび$4f$オービタルが空白のまま$5p$オービタルまでが詰まっている[7]．このように，原子の安定性は電子のオービタルへの詰まり方で決まってくる．

4.3 ●原子核の構造

原子の安定性は，各種オービタルからなる電子の殻構造とオービタルへの電子の詰まり方に関係のあることがわかった．それでは，原子核の安定性は何によって決まるのだろうか．陽子や中性子を核子というが，これら核子からなる原子核がどのような形をしているかはわかっていない．しかし，核子が核力という近距離でしか働かない力で束縛されていること，原子核の核子にも原子の電子と同様に閉殻構造があることなどから，原子核の性質を表すモデルとして，液滴模型，独立粒子模型，殻模型など，いくつかのモデルが考えられている．

こうした原子核は複数個の核子からなるにもかかわらず簡単には壊れない．つまり，原子核内の核子は他の核子との相互作用で生じる障壁の中に閉じこめられていると考えられる[10,11]．これはちょうど，たらいの中のパチンコ玉になぞらえられる．たらいの中心部分では底が平らなのでパチンコ玉は転がらないが，縁ではパチンコ玉はたらいの中の方に転がるような力を受ける．これと同様に，原子核の中心部分にある核子は四方八方の核子から力を受けるので受ける力は平均するとほぼゼロとなるのに対し，核の表面にある核子は近くの核子がすべて内側にしかいないので内部に向って強く引っ張られることになる．

液滴模型は，原子核を自由落下する雨滴や，スペースシャトルの中に浮かぶ水の塊のように考える．中性子を吸収して^{235}U（ウラン235）が二つに割れる核分裂反応も，液滴の変形と分裂になぞらえられる[10,11]．一方，独立粒子模型では，原子核内の核子を膨らんだ風船の中の気体分子のように考える．核の中で核子が動き回る範囲は液滴模型では核力の及ぶ範囲に比してあまり大きくなく，一方，独立粒子模型ではかなり遠くにまで及ぶ．

ところで，原子の電子に閉殻構造があるのと同様に，核にも閉殻構造がある．つまり，核の質量数をA，原子番号をZとすると，陽子の数Zあるいは中性子の数$N=A-Z$が2，8，20，28，50，82および126のものがとくに安定で，閉殻構造を見せる．これらの数字を魔法数とよんでいる[10~13]．陽子数が同じで中性子数の異なる原子核どうしを同位体あるいは同位元素というが，同位元素表[14]をもとに天然に存在する安定同位体の比率を調べてみると，図4.8のようになった．平均的には，原子番号Zが一つ増えるごとに中性子数Nが少なくとも一つは増えなければならないのに，中性子数が魔法数のところに不思議に元素の分布がかたよっているのがわかる[10]．また，原子核に中性子をぶつけてそれが吸収される度合を核の断面積という表現で比較してみると，図4.9のようにやはり魔法数の核は中性子を吸収しにくい[10,12,13]．

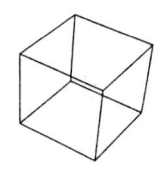

4. 原子核と4次元

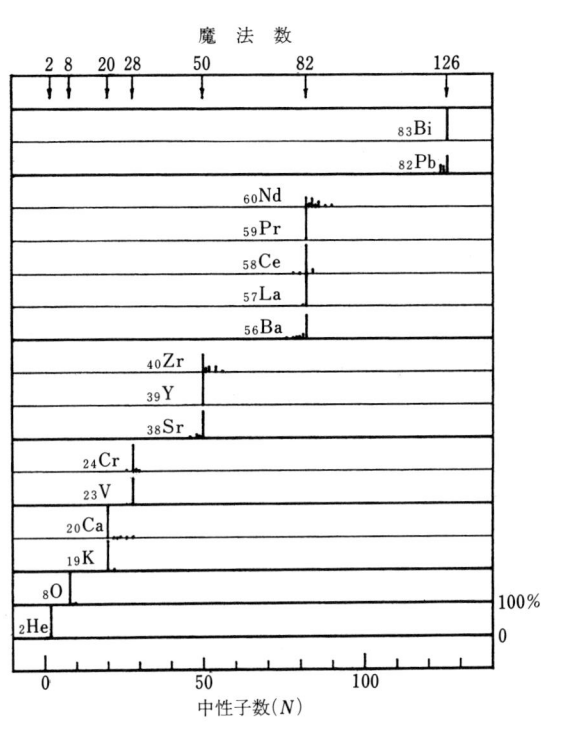

●図 4.8
核の魔法数と同位体存在比

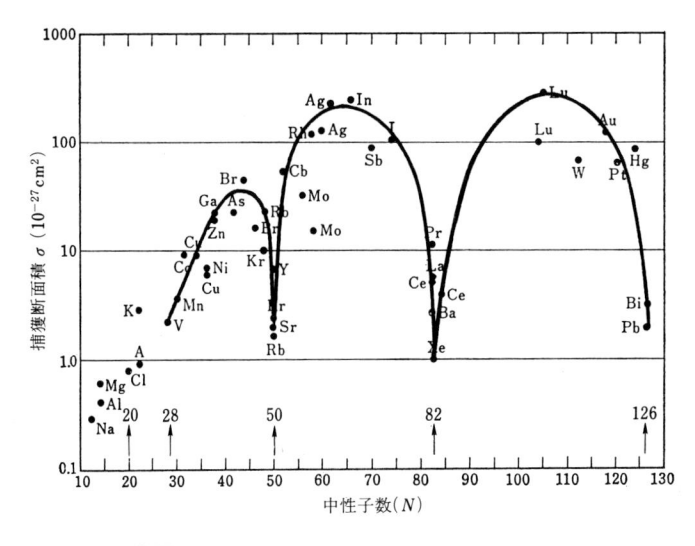

●図 4.9
核の魔法数と中性子吸収断面積（文献10より）

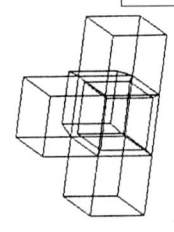

このような閉殻構造は，液滴模型や独立粒子模型のように，核子の行動半径の大きさは別として核子が無秩序に動けるとする模型では説明できない．核子にもスピンがあり，また核子が描くそれぞれの軌道とスピンとがある取り決めのもとに関係しているとして，初めて原子核の閉殻構造が説明できる[11~13]．この点はちょうど，太陽系の惑星が自転しながら公転していて，その軌道の形が保たれているのとよく似ている．

4.4 ●原子核はなぜ崩壊するか

原子核には陽子と中性子の数に関して安定な範囲があり，中性子の数が陽子と同じか，やや多い場合が安定である．その中でも，原子番号が26の鉄が最も安定である．したがって，この安定な領域以外の原子核は何とかして安定化しようとする．安定化の方法としてα粒子(ヘリウムの原子核と同じもので，2個の陽子と2個の中性子とからなる)の放出や電子の放出がある．α粒子が原子核から放出されると原子番号が二つ小さくなり，同時に中性子数が二つ少なくなって別の原子核になる．これはα崩壊とよばれる．また，原子核内の中性子は電子を放出して陽子になる．この場合，原子核から電子が放出され，中性子数は一つ減り，逆に陽子数が一つ増えて，これもまた別の原子核に変わってしまう．これをβ崩壊とよぶ．このほかにγ崩壊といって，粒子は放出されずに電磁波の形でエネルギーだけが放出される崩壊や，陽電子(β^+)や陽子(p)を放出する崩壊，軌道電子捕獲(ε)，自発核分裂(f)などがあるが，よく知られているのはα, β, γの三つの崩壊である．1回の崩壊だけで安定な核になりえない場合は，原子核が安定になるまで，これらの崩壊が引き続いて生じる[11]．

4.5 ●原子核の時空4次元性

それぞれの崩壊にはもとの原子核がどれくらいの速さで減少していくかを示す固有の寿命があり，初めの量の半分になるのに要する時間を半減期とよんでいる．この寿命は人為的には変えることができない．したがって，ある量の原子核がある時間後にどれだけ他の原子核に変わっているかは統計的に知ることができるが，ある一つの原子核に注目して，それがいつ崩壊して他の原子核になるかは予測できない．これらの崩壊には半減期が何億年という長いものもあれば，10の何乗分の1秒という短いものもある．

崩壊する元の核を親核，崩壊した後の核を娘核という．この場合の親はたぶん母親であろう．とすると，この親子関係は母親がある日突然娘に変わるのであるから，ふつうの親子関係とは随分異なっている．むしろ，一種の変身といった方がよい．このような変身が我々人間家族にも起きると楽しいと思うのは，私だけではないだろう．

これらの元素が3次元空間を構成していることは間違いなく，またα線やβ線は磁場や電場と相互作用して軌道が3次元的に曲げられるので，3次元的存在であることは否定できない．にもかかわらず，時間の経過の中で突然他のものに変わってしまうのであるから，その全体像は時間の次元を加えて把握するのが妥当であろう．つまり，放射性の原子核は

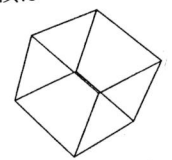

4. 原子核と4次元

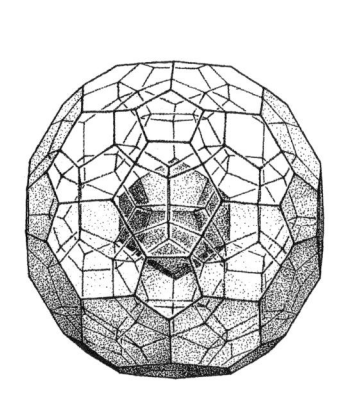

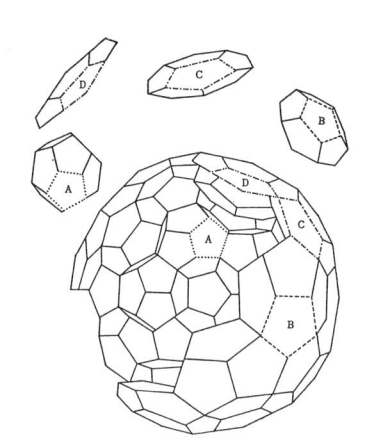

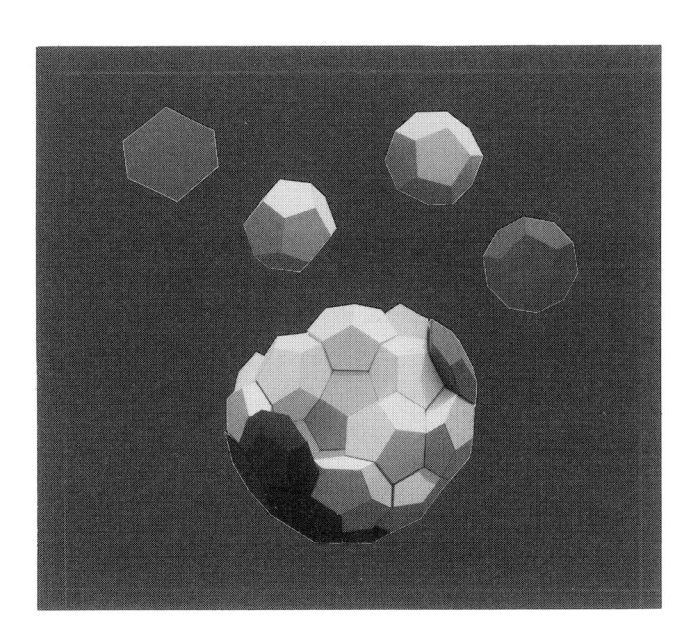

●図 4.10
正120胞体の投影図（左上），分解図（右上）および3次元投影模型写真
（下）（作図ならびに模型製作：宮崎興二）

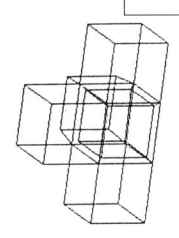

第3種4次元的存在のよい例であることになる．

4.6 ●原子核の多胞体構造

原子核が液滴や風船のようなものであるといっても，一つの原子核の中の核子数はたかだか260個しかないので，ある瞬間の形としては，つぶあんを丸めたものか，球形の栗おこしのようなものを想像した方がよいだろう．4次元図形でいうと多胞体である．多胞体とは，2次元での多角形，3次元での多面体に相当する4次元図形で，4次元空間では周囲だけが3次元の多面体に隙間なく囲まれているが，それを3次元空間に写しとると内部にまで3次元の多面体が詰まった立体となる．

3次元の多面体の中で，表面がすべて同じ形の正多角形で囲まれていて，各頂点での辺と面のつながり方もすべて同じになっているものを正多面体という．正多面体には，面の数が4，6，8，12，20の全部で5種類のものが存在する．それに対して4次元の正多胞体は，4次元空間では周囲がすべて同じ形の正多面体で隙間なく囲まれており，各頂点への辺と面と胞のつながり方と，各辺への面と胞のつながり方が全く同じになっている．正多胞体には胞の数が5，8，16，24，120および600のものがある[2,15]．正多角形，正多面体および正多胞体の詳細に関しては第9章を参照されたい．

4次元図形を平面上に描くのは簡単ではない．投影という手法を用いて4次元図形をまず3次元立体に還元し，それをさらに2次元平面上に写すと，何となくそれらしい形を表現することができる．投影には平行光線を用いる平行投影と，点光源を用いる中心投影とがある．そのうち，平行光線による投影では前後の辺や面が重なって立体感がなくなることが多い．一方，中心投影では立体感が出るが，胞の形状や大きさに歪みが生じる．

平面上に描いた4次元図形がわかりにくいのは，4次元から3次元へ，3次元から2次元へと，投影操作を2度行うからで，よりわかりやすいのは，3次元へ投影された立体模型を眺めることである．一例として，宮崎により作製された正120胞体（2次元の正5角形あるいは3次元の正12面体に相当する多胞体）の3次元投影模型の図と写真を図4.10に示す．この模型では，各胞の形状や大きさがよくわかる．この正120胞体の投影模型を見ておもしろいと思うのは，胞の形が中心部では球のように等方的であるのに，中心から離れるに従っていびつになり，表面ではまるで石にへばりついているようにひしゃげていることである．原子核内の核子は，中心付近では等方的な力を受けるのに対し，核の表面では中へ引っ張られるような力を受けることは先に述べた．そこでは，たらいの中のパチンコ玉の動きにたとえたが，むしろここでいう多胞体の胞の形状こそ，原子核の核子が受ける力のようすをそのまま具体化している．そのうえ，胞の形は中心からの距離が同じものは同じ変形の仕方をしている．これは，まるで原子核の閉殻構造である．これら多胞体と原子核の対応をみると，多胞体は原子核の構造や形状を核子に働く力をも含めて表したものであるとみることができる．

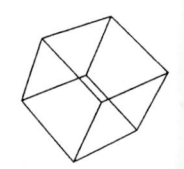

4.7 ●原子核の安定性と多胞体

さて，それでは原子核の安定性を多胞体との関係から調べてみよう．原子核の安定性を支配する要因は核物理学的にいろいろ調べられているが[10~13]，正多胞体は破綻のない安定な形であり，核の安定性と正多胞体の胞数との間に何らかの対応があるのではないかと考えられる．不安定な核は，いろいろな崩壊によって安定な核になることは先に述べた．また，同じ原子番号の核でも中性子数の違う安定同位体があって，それぞれの存在比が異なることも図4.8で示したとおりである．したがって，安定性の目安は天然存在比の大小で比べることにする．

正多胞体の胞数と核子数とを対応させる場合，二つの方法がある．一つの胞に一つの核子をあてはめるのがふつうのやり方であるが，原子核の中では，ペアリングといって2個の陽子どうしあるいは中性子同士が対をなした方が安定なので[10]，ここでは一つの胞に二つずつの陽子あるいは中性子をあてはめた場合も調べてみる．正多胞体の胞数あるいはその倍の数に対応する核子数を持つ原子核を安定同位体あるいは長寿命の核の中から探し，同位体存在比(%)を合わせて一対一対応の場合と一対二対応の場合について対比させてみると，表4.3のようになった．表中，核の種類を表す記号の左上の数字は質量数 A を，また，左下の数字は原子番号 Z（＝陽子数）を表す．長寿命の放射性核については（ ）で示し，半減期と崩壊の種類を記しておいた．

●表 4.3　正多胞体と安定同位体の対応

胞数	一対一対応	ペアリング対応
5	—	$^{10}_{5}B$　19.61%
8	—	$^{16}_{8}O$　99.759%
16	$^{16}_{8}O$　99.759%	$^{32}_{16}S$　95.0%
24	$^{24}_{12}Mg$　78.70%	$^{48}_{20}Ca$　0.185%
		$^{48}_{22}Ti$　73.94%
120	$^{120}_{50}Sn$　32.85%	($^{240}_{94}Pu$ 6600年 α 崩壊)
	$^{120}_{52}Te$　0.089%	
600		

一つの胞に一つの核子をあてはめた場合，正16, 24 および120胞体には対応する安定な核があるが，正5および8胞体には放射性のものしかなく，しかも寿命が非常に短い．一方，ペアリングで一つの胞に2核子をあてはめた場合には，正5, 8, 16, 24胞体に対応する安定な核が存在する．正120胞体については，ペアリングの場合，核子数が240となり核が大きくなりすぎてさすがに安定な核は存在しないが，あてはまる ^{240}Pu（プルトニウム240）は，α 放射核ではあるものの，半減期は6600年と長い．この表をみると，正多胞体の形を使って判断した原子核の安定性は，一つの胞に一つの核子をあてはめるよりは二つの核子をあてはめた方が安定で，しかもこのことは小さい原子核に関してとくに顕著であることがわかる．

ペアリングで原子核が安定になるのは，ちょうど部屋を借りるのに，ルームメイトと一緒

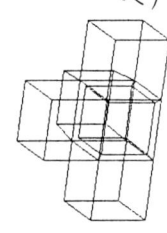

の方が経済的に安定するようなものかもしれない．ペアリングで正5胞体にあてはまる ^{10}B（ホウ素10）は陽子数と中性子数がそれぞれ5であるから，同種の核子を二つずつ胞に入れようとしても，1組は陽子と中性子の組み合せになってしまう．存在比が19.61%と比較的小さいのは，このような異種核の組み合せが混じるからであろう．同種の核子2個ずつがきちんと胞におさまり，しかも陽子の組と中性子の組の数が等しいのは ^{16}O（酸素16）と ^{32}S（硫黄32）とで，この場合はさすがに存在比が100%に近く，非常に安定であることがわかる．

一対一対応で正16胞体に，また，ペアリングで正8胞体に対応する酸素（O）は，我々が生きていくためには片時も欠かせない元素である．同じくペアリングで正16胞体に対応する硫黄（S）は，動植物の構成元素として重要であり，温泉の成分として我々の心身の疲れをいやしてくれる．また，ペアリングで正24胞体に対応するチタン（Ti）は，いかにも強そうなギリシャ神話の中の巨人タイタンにちなんで命名された元素で，軽くて強く腐食しにくい金属として金に糸目をつけないジェット戦闘機の材料に使われ，最近ではF1マシンはもちろん，高性能スポーツカーや，ゴルフクラブ，眼鏡フレームなどにも利用されている．これら，我々にとって身近で有用な元素が一対二対応によって正多胞体にあてはまるのをみると，原子核内の核子のペアリングによる安定化が4次元幾何学的にも実証されているように思える．

おわりに

原子の電子状態には2, 10, 28, 60という閉殻構造があり，また原子核の核子数には2, 8, 20, 28, 50, 82, 126という魔法数があって，ともに原子あるいは原子核の安定性に深い関係を持っていることを知った．一方，図形の方では正多面体には面の数が4, 6, 8, 12, 20のものしかなく，また正多胞体には胞の数が5, 8, 16, 24, 120, 600のものだけが存在する．このように，原子や核および規則性のある図形に関して，それぞれのとりうる整数の値が離散的であることに単なる類似性以上のものを感じる．原子や原子核の世界でエネルギー状態が量子化されているのは，原子や核を構成する電子や核子が狭い領域に閉じ込められているからである．一方，正多面体や正多胞体の数に制限があるのは，面や胞の形が同じであるという条件が課せられているからである．自然界の現象は制限や条件が加わって規則性が高まり，形態が整ってエントロピーが小さいほど出現の機会が均等でなくなってくるのは当然のことかもしれないが，上に述べたような原子，原子核および多胞体それぞれについてはもっともな離散的数字の現れ方を，より高い次元から統一的に取り扱うことができれば，学問の進歩の突破口になるに違いない．

以上，原子核の安定性を，4次元の図形を用いて形の科学の観点から考察してみた．ある思想のもとにデザインされた車が美しいように，物の形には必然性があり，また，必然性がなくてはならないと思う．3次元的にはなかなかわからない物の本質も，4次元的に分析してみると何らかの意味があるのを知ることができるかもしれない．4次元の科学の応用の一つに，このような方向の研究が尖めいている．

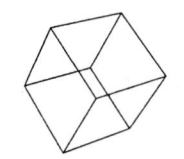

参考文献

1) G. M. バーロー著, 藤代亮一訳：物理化学(下), 東京化学同人, 1968.
2) 中村義作：四次元の幾何学, 講談社, 1986.
3) R. M. Bozorth: *J. Am. Chem. Soc.*, **45**, 2128, 1923.
4) 化学大辞典編集委員会編：化学大辞典, 共立出版, 1960.
5) I. スティーブンソン著, 笠原敏雄訳：虫の知らせの科学, 叢文社, 1981.
6) 海野十三：4次元漂流, 海野十三全集第4巻, 三一書房, 1988.
7) 吉永 弘編：応用分光学ハンドブック, 朝倉書店, 1973.
8) 小川 泰, 宮崎興二編：かたちの科学, 朝倉書店, 1987.
9) たとえば, F. A. コットン, G. ウィルキンソン, P. L. ガウス共著, 中原勝儼訳：基礎無機化学, 培風館, 1979.
10) 野中 到：核物理学, 培風館, 1967.
11) 山田勝美：原子核はなぜ壊れるか, FRONTIER SCIENCE SERIES, 丸善, 1987.
12) E. J. バージ著, 森 健寿他訳：原子核と素粒子, オックスフォード物理学シリーズ13, 丸善, 1983.
13) G. A. ジョーンズ著, 田辺孝哉訳：原子核の物理, オックスフォード物理学シリーズ12, 丸善, 1984.
14) 日本アイソトープ協会編：アイソトープ便覧, 丸善, 1970.
15) 宮崎興二, 石原慶一：4次元グラフィックス, 朝倉書店, 1989.

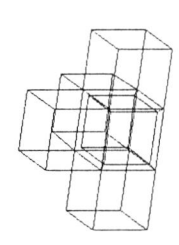

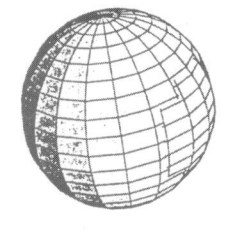

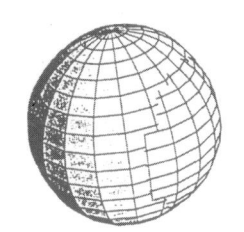

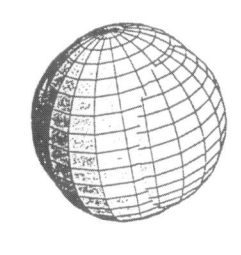

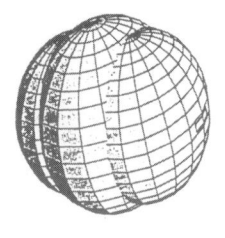

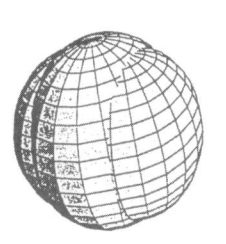

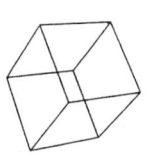

化学と4次元 ⑤
細矢治夫

070
5. 化学と4次元

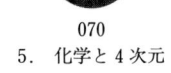

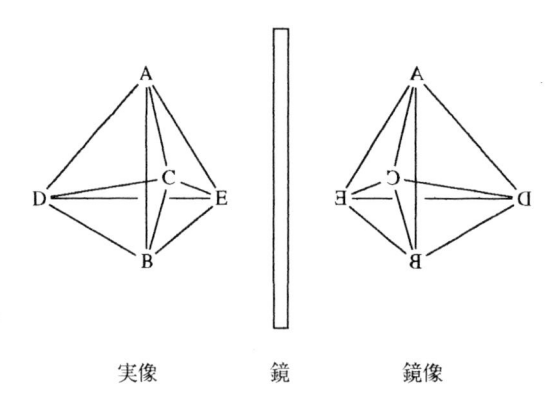

●図 5.1
鏡に映して初めて重ね合せられる光学異性体のペア

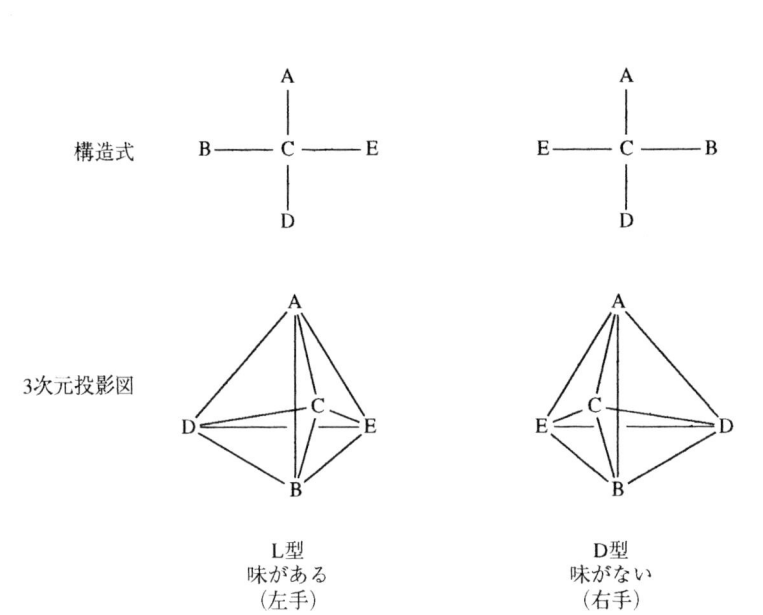

実像　　鏡　　鏡像

構造式

3次元投影図

L型
味がある
(左手)

D型
味がない
(右手)

A：COOH　　B：NH_2　　C：H　　D：$CH_2-CH_2-COONa$

●図 5.2
グルタミン酸モノナトリウム塩の構造式(上)と立体構造(下)

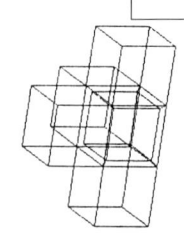

5. 化学と4次元

5.1 ● 4次元の世界があったら

スペースシャトルの中の無重力状態で，宇宙飛行士の毛利 衛さんにやってもらいたい実験が広く募集された．合金や半導体などの結晶が無重力状態でどのように成長するかとか，クモなどの小動物だけでなく，人間などの活動がどのような影響を受けるかなど，いろいろなことが試された．まだきちんとした報告が出されていないが，かなりおもしろい結果が得られているはずである．

しかし，3次元の世界で実現できないことを4次元の世界に行ってやってみようと考える方が，もっとどきどきすることうけあいである．そこで，ここでは分子の問題について考えてみよう．ただし4次元の世界がどういうものかは，この本の中にいろいろ書かれている4次元の専門家の文章で予習しておいてほしい．

● a ● 光学異性体

人間には右手と左手とがあるが，それらは鏡の前に置かれた実像と鏡の中に映った鏡像と同じ関係にある．つまり3次元の世界の中では，どんなに頑張って手の指をいじったり，ひねったりしても，右手を左手に変えることはできない．これと同じように，分子にも右手と左手の組のような関係にあるペアがいくらでもある．その組を光学異性体という．炭素(C)原子に，A, B, D, Eという4種類のすべて違う種類の原子か原子の集団が結合して，図5.1のような二つの分子をつくると，それらをどんなに回転させたり，変形させても，決して重ね合すことはできない．つまり，この二つの分子は互いに光学異性体の関係にある．

化学調味料として有名なグルタミン酸のモノナトリウム塩は，図5.2の星印のついたC原子のまわりのABDEのつながり方の違いでできた，二つの光学異性体(DとL)の中のLの方である．Dの方にはよい味は全然ないという．これは，人間の舌の表面にある味蕾の中の味を感じる細胞の中の分子が，グルタミン酸のモノナトリウム塩のLの方だけを受け入れることができるためだといわれている．このほかにも動物や植物の体の中の分子には，右巻きか左巻きかの違いをはっきりと認識するものが多く知られている．

妊娠中の母親がつわり止めに飲んでいた薬にたまたまDとLの2種類があり，その中の一方は確かに薬理作用があったが，不純物として入っていた逆向きの方がサリドマイド児という奇形児をつくるとんでもない生理作用をもっていたという悲劇もある．

3次元の世界では，化学的な操作だけで，分子の右巻きと左巻きの区別をして，DとLのどちらか一方の物質だけをつくることは非常に難しい．DかLの化合物が選択的にできるような化学的な環境ができればそれを利用するし，場合によっては微生物の力を借りて，光学異性体の一方を合成している．またある場合には，DとLの混合物をつくってから何らかの方法によってDとLを選り分けることがあるが，これもなかなか容易ではない．

ところが，4次元の世界では右巻きと左巻きの間の入れ換えが簡単にできてしまう．

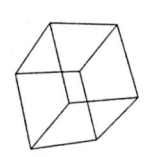

5. 化学と4次元

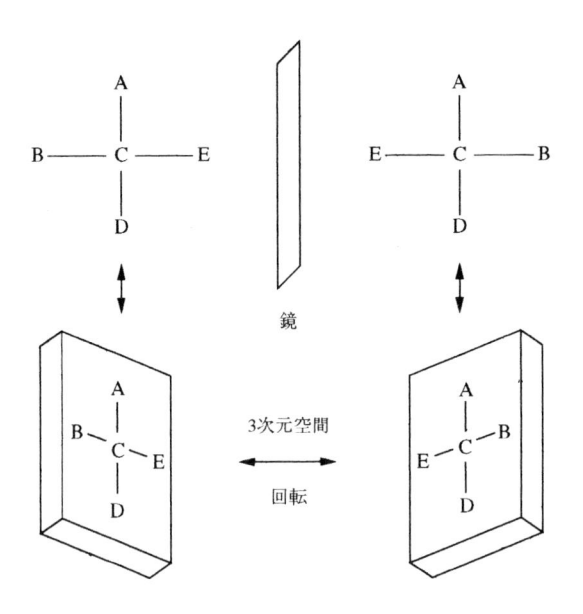

●図 5.3
2次元図形を3次元空間内で回転させると，点(BとE)の入れ換えで鏡像が得られる．

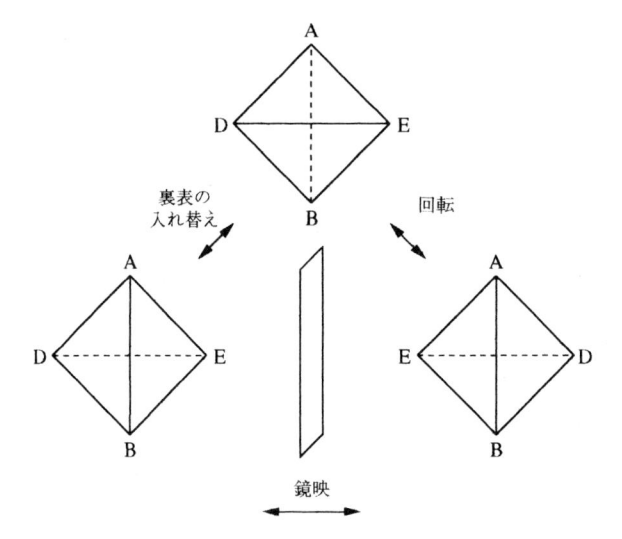

●図 5.4
3次元図形を回転させた後4次元空間内で辺(ABとDE)を入れ換えると鏡像が得られる．

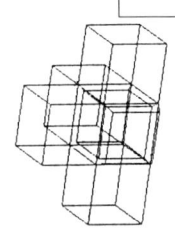

5. 化学と4次元

● b ● 右巻きを左巻きに変える

グルタミン酸のモノナトリウム塩の構造式は図5.2上のように描かれる．3次元構造の分子でも，その構造式は便宜的に2次元に押しつぶしたもので表すことができる．ここで仮に，図5.2上左の構造式通りの平面分子があると仮定する．この4本の結合を切らずに，平面内でどんなに伸ばしたり，角度を変えたり，回転させたりしても，これを右側の構造式に重ねることはできない．ところが，図5.2上左の構造式を3次元の世界に引っ張り出して裏返しをしてから，もとの平面に戻してやると，図5.2上右の逆向きの構造式に重ねることができる（図5.3）．つまり，2次元の世界のものを3次元の世界に一度引っ張り出してから回転させてやると，2次元の世界の鏡像に重ね合せることができるのである．2次元の世界のことしかわからない者には，3次元の世界のことが不思議に思えるわけである．

それでは，3次元の世界の物体を4次元の世界に引っ張り出して回転させてから，もとの3次元の世界に戻してやるとどういう変化が起きるのだろうか．誰もこういう実験をした人はいないが，答えは簡単である．すなわち，4次元の世界で回転させると，右手は左手に，左手は右手に入れ換わってしまう．つまり，図5.2下左の4面体の辺ABと辺DEの前後関係（裏表関係）の入れ換えをすると，鏡像である図5.2下右の4面体に変わってしまう（図5.4）．

これでわかるように，光学異性体DとLの混合物が与えられたとき，もしD(L)だけを化学的に捕捉して残りの方を4次元の世界に持っていくことができれば，そこで1回転させてから3次元に戻ると，L(D)だけからなる物質をつくることができるはずである．このように，4次元の世界を利用することができれば，光学異性体の合成はかなり容易になるであろう．

● c ● サッカーボールの中に原子を入れる

さらに欲を出してみよう．サッカーボール形のいわゆる（バックミンスター）フラーレンとよばれる炭素だけの分子 C_{60} が最近化学者の間で大きなブームになっている[1]．炭素数が60より大きい多面体構造の分子も何種類か合成されている．これらはフラーレンと総称されるが，中にはルビジウム(Rb)やウラン(U)などの原子を多面体の籠の中に取り込んだ金属内包フラーレン分子（これを $X@C_n$ とも書く）も何種類かつくられている．これに対して，炭素数が60より小さなフラーレンは $U@C_{28}$ のように，金属内包のものしか合成されていない．

ここで3次元の立方体を考えてみよう．その表面は2次元図形である6枚の正方形で覆われている．それに対して，4次元の立方体（超立方体）は8個の立方体の面どうしがくっついてできた図形であり，その表面は3次元図形である8個の立方体で覆われている．図5.5(a)で超立方体の外側に見えている立方体 ABCDEFGH も，内側に見えている立方体 IJKLMNOP も，4次元の世界では全く同等に超立方体の表面を覆っているのである．つまり4次元の世界では，3次元の多面体や球の表面には外側と内側の区別がなく，ただ見る方向によって外側に見えたり，内側に見えたりするのである．事実，図5.5(a)の外側にあった立方体 ABCDEFGH を内側の立方体 IJKLMNOP のさらに内側に突っ込んでやると，図5.5(b)が描けるが，これは図5.5(a)と全く同じ4次元図形である．つまり4次元の世

5. 化学と4次元

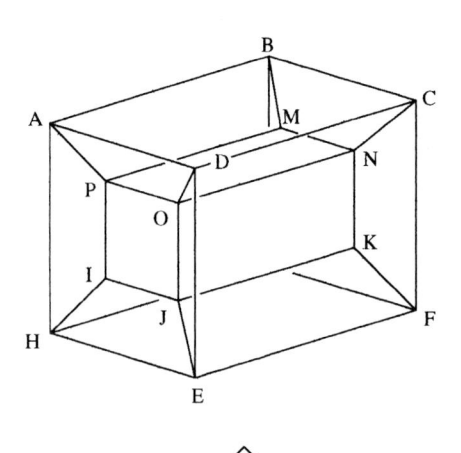

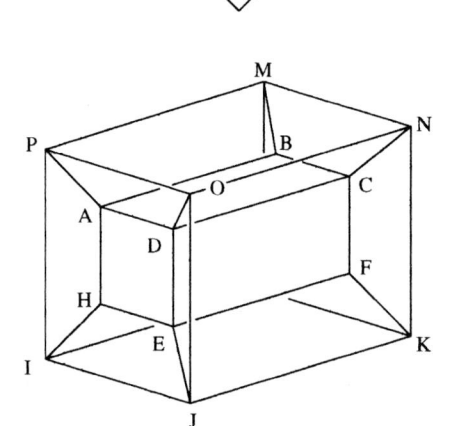

●図 5.5
4次元の立方体(超立方体)の表面は8個の立方体に取り囲まれている
が、この立方体の表面には表も裏もない.

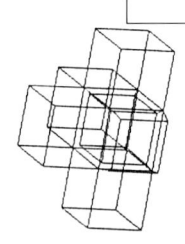

5. 化学と4次元

界には，3次元の世界でいう表と裏，前と後ろの区別はないと考えてよいのである．
そこでたとえば，C_{60}分子を4次元の世界に持っていってから，その外側に金属原子をつけてやると，その原子はいつの間にか籠の中に埋め込まれて，金属内包フラーレンになっているはずである．逆に$U@C_{28}$のような金属内包フラーレンをつくってから4次元の世界に持ち込んで，金属Uが外側に回ったときにそのUを取り除いてしまえば，まだ合成されていない小さなフラーレンC_{28}が得られるはずである．
同様に，数多く合成されている正多面体をはじめ様々に規則的に多面体形の分子を4次元の世界に持ち込んで，その籠の中に金属原子や小さな分子を取り込むことができるはずである．合成が実際に成功している籠型の分子には図5.6のようにいろいろなバラエティがあるが，籠の中に原子や分子団を取り込んだ例はほとんどない．4次元の世界を利用すれば，これはきわめて簡単な実験になってしまう．

●d● 4次元の世界で結び目をほどく

さて，4次元の世界では3次元でいう表と裏の区別がないのだから，たとえば図5.7(a)のように結ばれている紐(trefoilとよばれる)の*印のところの上下関係を図5.7(b)のように逆にすることは何でもない．ところがこれを3次元の世界に持ち帰ってみると，紐の結び目はほどけていることがわかるであろう．これを逆にすれば，図5.7(b)を(a)に変えることもできる．つまり，3次元の世界でほどくことのできなかった結び目は4次元の世界に持っていけばちょっと動かすだけで簡単にほどけるし，逆に3次元の世界でただの紐だったものを4次元の世界では簡単に結ぶことができるのである．

●e● シュレーディンガー方程式

4次元の世界はバラ色というようなことを書いたが，4次元の世界というのは本当にあるのだろうか．4次元の世界も原子や分子からできているから，まず4次元の原子を考えてみよう．現在百数種類の元素が知られているが，それらがそれぞれ何個の電子がどのようにからみあってできており，どのようなスペクトルを示すかは量子力学の理論によってよく知られている．すなわち，シュレーディンガー方程式とよばれる微分方程式をそれぞれの原子について書き下し，数値計算によって精密にその固有値と固有ベクトルを求めると，固有値の方からは軌道(電子の入る容れものの数)が，固有ベクトルの方からはその軌道の広がり方がわかることになっている．
我々の住んでいる3次元の世界の原子の中で一番小さなものは原子番号が1の水素原子で，電子は1個しかない．ここで一般に，N次元の世界の原子番号が1の元素の原子がどういうものか考えてみる．その中にある1個の電子の位置座標の数は，その原子の置かれている世界の次元の数と同じである．ちなみに我々の住んでいるこの宇宙の次元は3で，その中の一つの点Pを表すために必要な位置座標の数は，(x, y, z)の3個である．
1次元から4次元までのシュレーディンガー方程式を書くと，次のようになる．

$$\left[-\frac{\hbar^2}{2m}\frac{d^2}{dx^2}-\frac{e^2}{|x|}\right]\Psi(x)=\varepsilon\Psi(x)$$

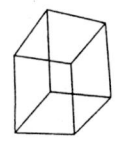

5. 化学と4次元

P_4 C_4H_4 C_8H_8 MX_6

$C_{20}H_{20}$ B_{12} C_{60}

●図 5.6
実際に合成されている3次元の籠型分子の例

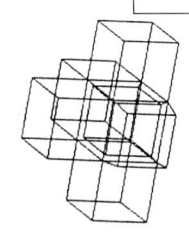

5. 化学と4次元

$$\left[-\frac{\hbar^2}{2m}\left(\frac{\partial^2}{\partial x^2}+\frac{\partial^2}{\partial y^2}\right)-\frac{e^2}{\sqrt{x^2+y^2}}\right]\Psi(x,y)=\varepsilon\Psi(x,y)$$

$$\left[-\frac{\hbar^2}{2m}\left(\frac{\partial^2}{\partial x^2}+\frac{\partial^2}{\partial y^2}+\frac{\partial^2}{\partial z^2}\right)-\frac{e^2}{\sqrt{x^2+y^2+z^2}}\right]\Psi(x,y,z)=\varepsilon\Psi(x,y,z)$$

$$\left[-\frac{\hbar^2}{2m}\left(\frac{\partial^2}{\partial x^2}+\frac{\partial^2}{\partial y^2}+\frac{\partial^2}{\partial z^2}+\frac{\partial^2}{\partial w^2}\right)-\frac{e^2}{\sqrt{x^2+y^2+z^2+w^2}}\right]\Psi(x,y,z,w)=\varepsilon\Psi(x,y,z,w)$$

実際にこれらの微分方程式は極座標に変換した方が解きやすく，その解法は量子化学や量子力学の教科書にあるので省略する．また，4次元の極座標系はかなり面倒臭い．

このような方程式を解いて得られる解 Ψ が電子の入るべき容れもの，すなわち軌道(orbital)である．その軌道には，s 軌道，p 軌道，d 軌道などの異なる形がある(第4章参照)．3次元の我々の世界を形成する原子では，方向性のない s 軌道には球形の1種類しかなく，p 軌道には3次元の x, y, z 軸に対応して3種類(2次元なら2種類)が，d 軌道には x^2-y^2, z^2, xy, yz, zx で示される5種類(2次元ならこのうち x^2-y^2 と xy の2種類)がある．そしてエネルギーの低い方から順に，

$$1s, \ 2s, \ 2p(3種類), \ 3s, \ 3p(3種類), \ \cdots$$

となっている原子軌道に1個か2個の電子が入っていき，約100種類の元素ができあがっている．その元素の周期表の中でも軽いものだけを並べてみると表5.1のようになる．

●表 5.1　3次元の原子の周期表と原子価

周期	族*							
	1	2	3	4	5	6	7	0
1	H							He
原子価	1							0
2	Li	Be	B	C	N	O	F	Ne
原子価	1	2	3	4	3	2	1	0

＊：便宜上，族の番号は短周期の古いものを使ってある．

ここで原子価と書いたのは，何個の水素原子と手を結べるかという値である．ヘリウム He は $1s$ 電子が2個で手一杯となり，他の原子とは結合できない．ネオン Ne はヘリウムの外側に，$2s$ に2個，$2p$ に6個の八つ子(オクテット)を従えて安定となるので，やはり他の原子とは結合をしない．これに対して炭素 C は，$2s$ と $2p$ の4個の軌道に4個の電子が入っているので，ヘリウムには4個足りず，4個の水素と結合することができる．すなわち4価である．同様に，窒素は3価，酸素は2価である．

さて，4次元の原子は何種類の s, p, d 軌道を持つのだろうか．s が超球形の1種類，p が

●表 5.2　N 次元の原子軌道の種類の数

軌道の種類	次元数(N)				
	1	2	3	4	5
s	1	1	1	1	1
p	1	2	3	4	5
d	0	2	5	9	14

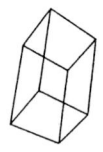

5. 化学と 4 次元

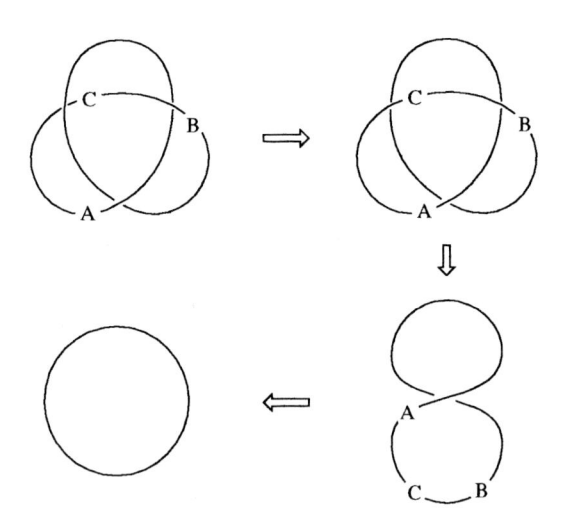

●図 5.7
3次元の結び目は 4 次元の世界では簡単にほどける.

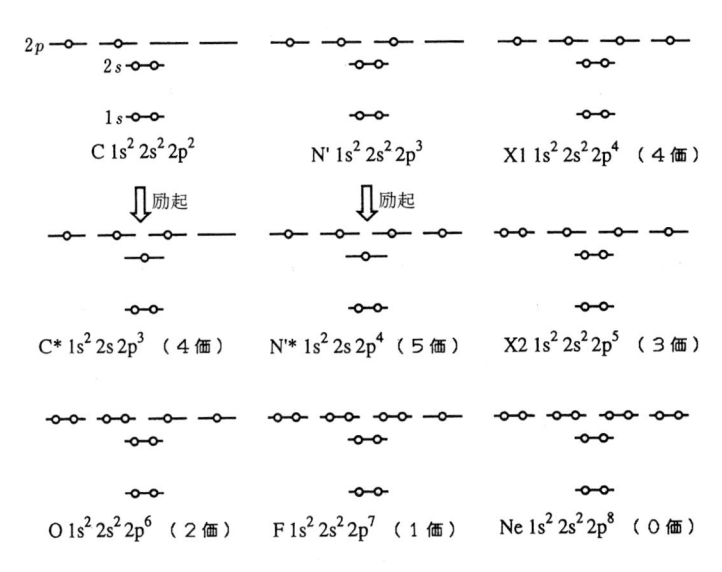

C $1s^2 2s^2 2p^2$ N' $1s^2 2s^2 2p^3$ X1 $1s^2 2s^2 2p^4$ (4価)

⇩ 励起   ⇩ 励起

C* $1s^2 2s 2p^3$ (4価)   N'* $1s^2 2s 2p^4$ (5価)   X2 $1s^2 2s^2 2p^5$ (3価)

O $1s^2 2s^2 2p^6$ (2価)   F $1s^2 2s^2 2p^7$ (1価)   Ne $1s^2 2s^2 2p^8$ (0価)

●図 5.8
4次元の第 2 周期原子の電子配置(9種類). それぞれ一番下に $1s$ 軌道, 少し離れてその上にエネルギーの高い $2s$ 軌道, 一番上にさらにエネルギーの高い $2p$ 軌道があり, 各軌道上に一つあるいは二つの電子が乗っている. $1s^2$ というのは $1s$ 軌道上に 2 個の電子が乗っていることを示す. 左中央二つの白い矢印のものは励起状態にあることを示す. つまり, 本来エネルギーの低い $2s$ 軌道上に 2 個の電子が乗るはずなのに, それを超えて $2p$ 上に電子がある.

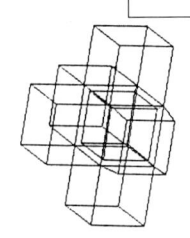

5. 化学と4次元

4座標軸に対応する4種類というのは簡単に類推できるだろう．こうしてN次元の原子の持つ原子軌道の形の種類の数を数えると表5.2のようになる．細かい詮索は別にして，4次元の世界の軽い元素はどのような電子の配置をもっているのだろうか．その結果を表5.3に示した．

このような原則で4次元の世界の元素を考えるのだが，とりあえず原子番号の小さいものについては，超球状のs軌道である$1s$, $2s$, $3s$と4種の$2p$（1本の座標軸の正と負の方向にまたがる8の字形の軌道）だけで十分である．4次元の元素の周期表の初めの方と，予想される原子価の値を表5.3に与えてある．またいくつかの4次元の第2周期の原子の電子配置を図5.8に示してある．

●表 5.3　4次元の原子の周期表と原子価

周期	族*									
	1	2	3	4	5	6	7	8	9	0
1	H									He
原子価	1									0
2	Li	Be	B	C	N'	X1	X2	O	F	Ne
原子価	1	2	3	4	5	4	3	2	1	0
3	Na	Mg	Al	Si	P'	X3	X4	S	Cl	Ar
原子価	1	2	3	4	5	4	3	2	1	0

＊：族の番号は表5.1に準じてつけてある．

表5.3と図5.8からは次のようなことがわかる．たとえば3次元の世界では，ネオンのように8個の電子がいわゆるオクテット（八つ子）をつくって安定化しているが，4次元の世界のネオンは10個の電子がデカテット（10人兄弟）をつくって安定化する．窒素（N）とリン（P）の性質が4次元と3次元では大きく違うと思われるので表5.3ではダッシュをつけた．つまり，窒素は堂々と5価の原子価を示すので炭素のダイヤモンドよりもっと硬く，もっと鮮やかに輝く結晶をつくるであろう．炭素原子からなる正六角形を平面に無限につなげ広げてできたのがグラファイトである．4次元の世界では，3次元構造を持った導電性の高いグラファイトのような物質がみつかる可能性もある．

さて，窒素の同族元素であるリンも非常に多様で興味深い性質を示すであろう．また，4価と3価の原子価を示す2組の未知の元素，X1とX3およびX2とX4の性質が注目される．

酸素の原子価は2で，3次元の場合と変わらないが，その酸化力がどのようなものかは量子力学的な理論計算をやってみないと何ともいえない．アルカリやハロゲンの性質はあまり変わらないと思われる．しかし鉄，銅，ニッケルやコバルトなどの代表的な遷移元素の性質は基本的にはあまり変わらないが，新しい種類の遷移元素がどんな性質を示すかが楽しみである．白金，金，銀などの貴金属元素の性質もどうなるか知りたいところである．

●f● 4次元の元素はあるか

宇宙のかなたを探して，いま予想したような4次元の元素がはたしてみつかるであろうか．

5. 化学と4次元

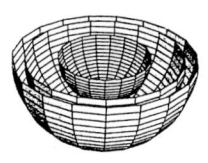

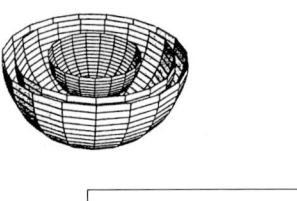

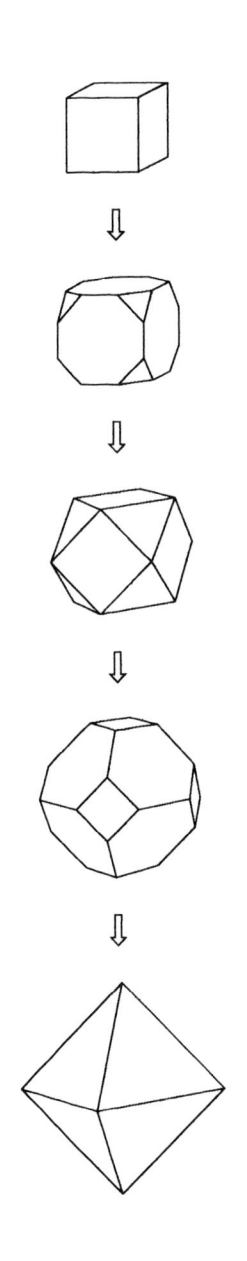

●図 5.9
ミョウバンの立方体の結晶が正8面体に成長する．

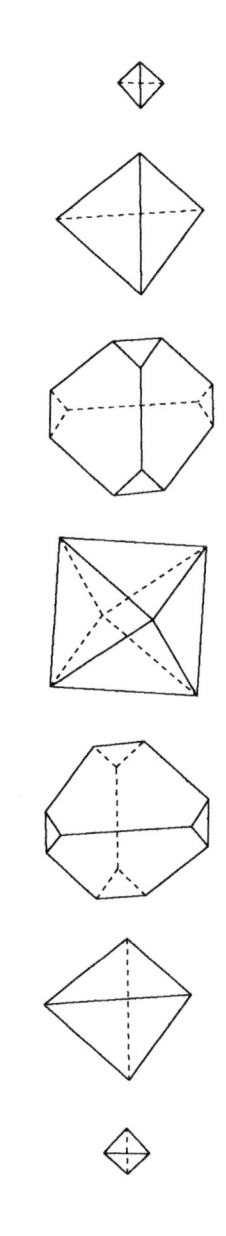

●図 5.10
4次元の立方体がある方向から3次元空間を横切るときの断面図

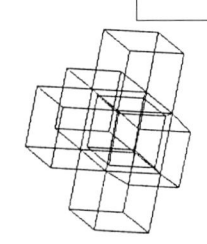

5. 化学と4次元

答は現在のところノーである．電波天文学や理論化学の最近の進歩は目覚ましく，オリオンのように遠い所から来る電波や赤外線の弱い信号が解析されて，じつに様々な星間物質の素性がわかりつつある．もし，上に説明したような4次元の世界の元素があれば，何らかのかたちでそれらの信号がみつかってもよいはずであるが，残念ながらそういう報告はまだないようである．

また，3次元の世界の物質であっても4次元の世界へ行けばいろいろおもしろく変化すると予想されたが，どうやらそういう可能性も望みがないようである．しかし，これまでの話でわかったことは，3次元の世界がわかっていると2次元の世界のことがよく理解できるように，4次元の世界がわかっていれば，3次元の世界のことがよく理解できるということである．

そういうことで次には，形式だけでも4次元の世界に何らかの関係のありそうなことを，化学の中から探してみることにしよう．

●g●結晶の成長

食塩（塩化ナトリウム）の結晶が立方体の形に成長することはよく知られている．一方，ミョウバンの結晶は正8面体に成長する．群論を使わなくても，この二つの多面体が同じ対称性を持っていることはよく知られている．そのためたとえば立方体の各稜の中心に点を打ち，隣り合っている2稜の間だけその点の間を結んでよぶんなところを切り落としていくと，立方8面体ができる．逆に，正8面体の各稜の中点を結んで切り落としても立方8面体ができる．

結晶が大きく成長するのは，各面に新たな層が次から次にできて，全体的にふくらんでいくためである．ところが，それらの面の成長速度には速いものと遅いものとがあり，結晶が成長するに従って成長速度の遅い面だけが取り残されて，最終的にそういう結晶が我々の眼にふれることになる．ミョウバンの結晶は，成長速度からいうと立方体の6面に平行な面の成長速度が速く，正8面体の8面に平行な面の速度は遅いことが知られている．そこで，ミョウバンの結晶を人為的に立方体にカットしてから溶液の中で成長させると，図5.9のように，まず立方体の角がとれた切頭立方体に，次いで立方8面体，切頭8面体を経て正8面体になることが観測される[2]．これは，完全に3次元空間の出来事であって，4次元の世界とは関係がない．しかし，これはあることを連想させてくれる．

すなわち，4次元の立体が3次元の世界を横切るときに，その4次元物体のいろいろな切断面の3次元空間を見せてくれるのである．たとえば，4次元の立方体，すなわち超立方体が3次元空間をある方向からやってきて突き抜けていくまでに，図5.10のように正4面体，切頭4面体，正8面体，切頭4面体，正4面体というように姿を変えていくという．このときの切断の場所が違えば，もっといろいろな形の3次元図形が出てくる．

3次元の世界での結晶の成長は小さい種から大きな結晶まで1方向に変化するだけではあるが，疑似4次元物体を見せているといってもよいかもしれない．

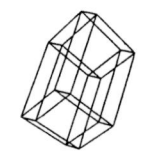

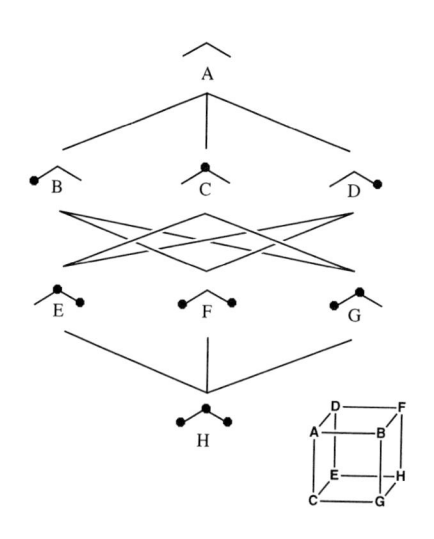

●図 5.11
反応(1)の全経路を表すグラフ．黒丸は塩素原子．

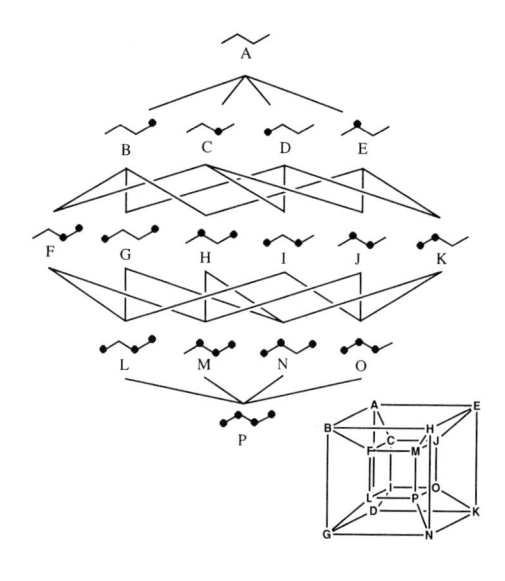

●図 5.12
反応(2)の全経路を表すグラフ

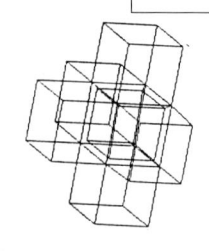

5. 化学と4次元

●h● 化学反応のネットワーク

もう少しまじめに化学に関わる4次元の問題を考えてみよう．化学反応は原子の結合の組み換えである．ある目的の化合物をつくるために，どのような物質を原料に，どのような反応を組み合せると効率よく目的が達せられるかをデザインすることを反応設計とよぶ．たとえば，左下にあるような炭化水素Aの3個の水素原子(H)を1個ずつ全部塩素原子(Cl)に入れ換えて，物質Hにしてしまう反応（1）の経路には，どれだけの可能性があるかを考える．

$$R-\underset{R}{\underset{|}{C}}-\underset{R'}{\underset{|}{\overset{H}{C}}}-\underset{R''}{\underset{|}{\overset{H}{C}}}-R'' \xrightarrow{Cl_2} R-\underset{R}{\underset{|}{\overset{Cl}{C}}}-\underset{R'}{\underset{|}{\overset{Cl}{C}}}-\underset{R''}{\underset{|}{\overset{Cl}{C}}}-R'' \qquad (1)$$

$$AH$$

いま，Aの3個のH原子の中のどれか一つをCl原子と入れ換えた化合物をB, C, Dとして，この操作を図5.11上のように，点Aから点B, C, Dに線を引くことで表現する．この結果B, C, DのどれにもH原子がまだ2個あるから，そのどちらかをClで置き換える反応を考えると，点B, C, Dからそれぞれ2本ずつの線が出て，化合物E, F, Gが生まれる．その後はどれからも最終物質Hへ1回の入れ換えで到達する．こうして描かれた図5.11のグラフは，反応A→Hのすべての経路を系統的に表している．じつはこれは図5.11の右下に示したように3次元の立方体のグラフに他ならない．

同じようにして，Hを4個もつ化合物のHを全部Clに入れ換える反応（2）を考えてみよう．

$$R-\underset{R}{\underset{|}{\overset{H}{C}}}-\underset{R'}{\underset{|}{\overset{H}{C}}}-\underset{R''}{\underset{|}{\overset{H}{C}}}-\underset{R'''}{\underset{|}{\overset{H}{C}}}-R''' \xrightarrow{Cl_2} R-\underset{R}{\underset{|}{\overset{Cl}{C}}}-\underset{R'}{\underset{|}{\overset{Cl}{C}}}-\underset{R''}{\underset{|}{\overset{Cl}{C}}}-\underset{R'''}{\underset{|}{\overset{Cl}{C}}}-R''' \qquad (2)$$

$$AP$$

今度は点Aから点Pまで3ステップ必要で，かつどの化合物からも4本の線が出ているグラフになるはずである．答は4次元の立方体のグラフ（図5.12）に他ならない[4,5]．

このような化学反応のネットワークグラフには，4次元はおろか，それ以上のN次元グラフになるものはざらにあり，それらに対するグラフ理論的な解析も数多くなされている．

●i● 時間を含む4次元の問題

これまでは化学に関係のある4次元空間の話題をいくつか紹介してきた．ところが物理学の方で4次元というと，まずミンコフスキーの時空，または時空間のことをさすことになっている．すなわち3次元空間の現象が時間とともにどう変化していくかという問題を，空間の3次元プラス時間の1次元でつくった4次元空間の中で解こうという発想である．アインシュタインの特殊相対性理論は，このミンコフスキーの時空の概念の定式化によって完成をみたといわれている．しかし，空間や立体図形のおもしろさを楽しむという立場

からは少しそれるし，数学的にも難しいので，ここでは省略することにする．

時間を第4の次元として扱ったものとして，時間を含むシュレーディンガー方程式を紹介してこの章を閉じることにしよう．e項で紹介したのは，時間を含まない3次元のシュレーディンガー方程式である．じつはこの式は，次のような定常状態に対する時間を含むシュレーディンガー方程式から変数分離によって導かれたものである．

$$H\Psi(x, y, z, t) = i\hbar \frac{\partial}{\partial t} \Psi(x, y, z, t)$$

$$H = -\frac{\hbar^2}{2m}\left(\frac{\partial^2}{\partial x^2} + \frac{\partial^2}{\partial y^2} + \frac{\partial^2}{\partial z^2}\right) + V(x, y, z)$$

$$\Psi(x, y, z, t) = \varphi(x, y, z) e^{-iEt/\hbar}$$

量子力学を4次元空間に拡張したシュレーディンガー方程式がe項で出てきたが，相対性理論にならってこれに時間を加えれば，5次元の時空間題が出てくる．量子力学と一般相対性理論を融合させるために最近「超弦理論」という理論がはやっているらしいが，これは9次元の空間に1次元の時間を加えた10次元の時空を考えて初めて定式化されるという．そして空間の1点には，6次元の閉じた空間が入っているという．これからの学問の流れについていくためには，4次元空間くらいでアップアップしてはいられなくなってきているのだ．

参考文献

1) C_{60}・フラーレンの化学，化学，別冊，1993.
2) A. ホールデン，P. シンガー著，崎川範行訳：結晶の科学，河出書房新社，1977.
3) 中村義作：四次元の幾何学，講談社，p. 98, 1986.
4) E. L. Muetterties : *J. Am. Chem. Soc.*, **91**, 1636, 1969.
5) A. T. Balaban : *Rev. Roum. Chim.*, **19**, 631, 1974.

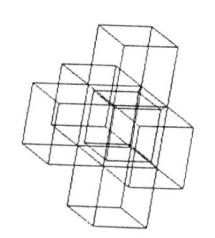

準周期構造と4次元 ❻

山本昭二

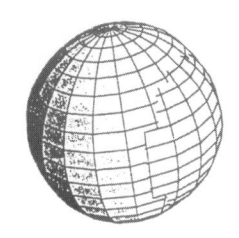

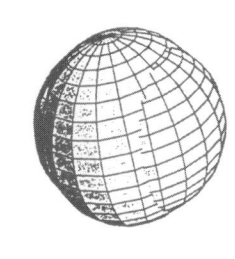

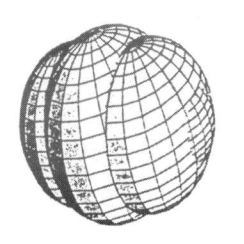

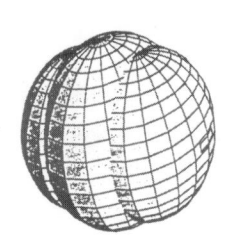

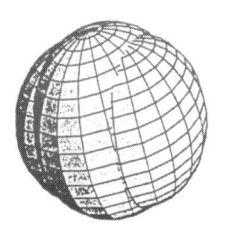

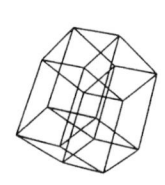

086
6. 準周期構造と 4 次元

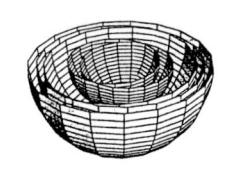

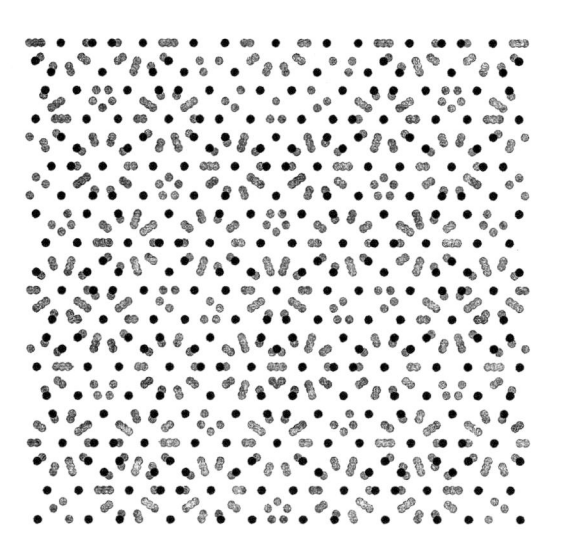

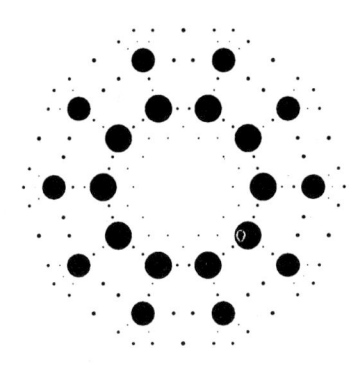

●図 **6.1**(口絵 2)
上：最初に発見されたアルミニウム・マンガン準結晶の原子配列のモデル．赤丸はアルミニウム原子，青丸はマンガン原子を表す．
下：アルミニウム・マンガン準結晶の X 線回折図形．黒丸の大きさは X 線の強さに比例する．

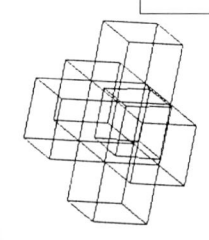

我々の住んでいる空間はいうまでもなく縦，横，高さがあり，3次元空間である．それでは4次元空間は実際我々の住んでいる世界と無関係なものだろうか．物理学では時間と3次元の空間を合わせた4次元空間を考え，この4次元空間で有名なアインシュタインの相対性理論が組み立てられている．我々は無意識のうちにこの4次元空間の性質に支配されているのである．しかしこれから述べる4次元空間は時間を含まない仮想的なものである．つまり結晶学は3次元空間中の固体の原子の配列を決定するための学問であるが，ここにも4次元が顔をのぞかせる．3次元空間に住んでいても4次元空間を考えるときわめて便利な場合があるということである．

4次元の結晶のアイデアは1974年のデ・ボルフの論文によって導入された変調構造という結晶の構造についての理論から始まった．その後いくつかの結晶は4次元あるいは5, 6次元の結晶と考えることができることがわかってきた．これらはいずれも3次元空間では周期，つまり並行移動させることによって一定の間隔で重なっていく性質を持たないが，高次元では周期を持っていると考えることができる．現在では6次元空間の結晶まで知られているが，ここでは4次元空間の結晶たちについて紹介しよう．

6.1 ●準周期構造

我々のまわりの物質は原子からできている．また物質に固体，液体，気体があることは誰もが知っていることである．液体と気体では原子が縦横に動き回っているが，固体では原子が一定の場所にとどまってるところが本質的に異なっている．その固体にも2種類ある．一つはガラス，もう一つは結晶である．ガラスでは原子が無秩序に並んでいるのに対して，結晶では原子がある周期で縦，横，高さ方向に規則正しく並んでいる．たとえば食塩NaClの構造は縦，横，高さ方向にナトリウムNaと塩素Clが交互に周期的に並んでいる．しかしこれから述べる結晶はちょっと変わっていて，3次元空間では周期がないが，4次元空間では周期を持つと考えることができる．つまり4次元空間の結晶といえる．これには大きく分けて以下の3種類がある．このように3次元では周期はないが，高次元では周期を持った結晶と考えられる構造は準周期構造とよばれている．

3種類のうちの一つは変調構造とよばれている．結晶は3次元空間で原子が周期的に並んでいるが，この原子が波を打っていたらどうであろう．波もまた固有の周期を持っているので，波の周期と結晶の周期がかみ合わないと妙なことが起こる．たとえば結晶には格子振動があり，実際に原子はある瞬間には平均位置のまわりで振動し波打っている．その周期は一般に原子配列の周期とはかみ合わない．つまり原子と波の周期の比は一般に無理数であるが，普通の結晶では原子は常に振動していて，平均としては周期的な配列をしている．しかしある一つの格子振動の波が止まってしまうと，このような結晶は波の方向の周期がなくなってしまう．これが変調構造である．変調構造を決定するのに4次元空間が便利なことがわかっている．変調構造は4次元空間で繰り返し周期を持った結晶を3次元空間で切ったとき得られる3次元断面(4次元空間の中の3次元のふくらみを持った3次元超面)として表すことができる．このような構造は数十年前から知られている．たとえば天

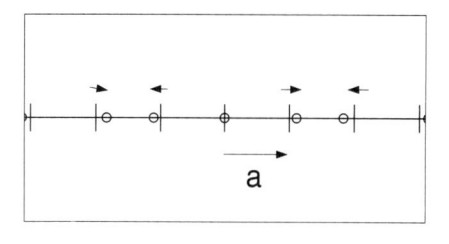

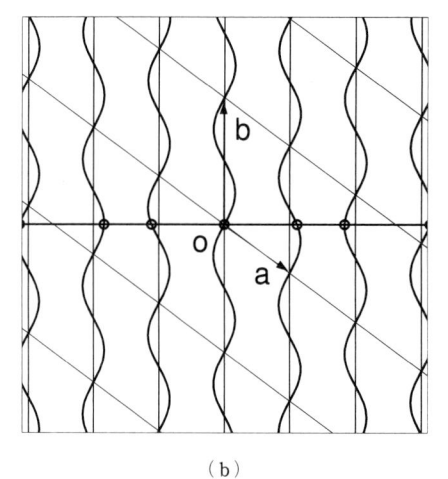

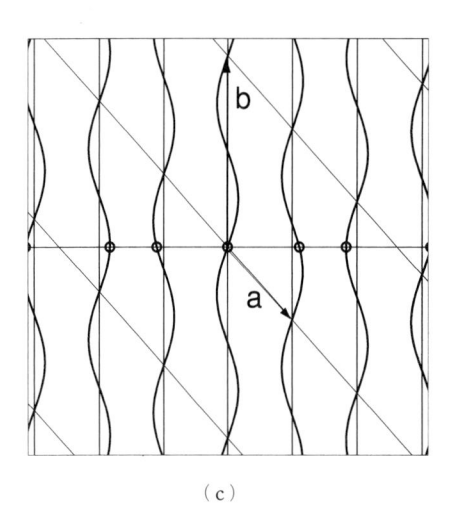

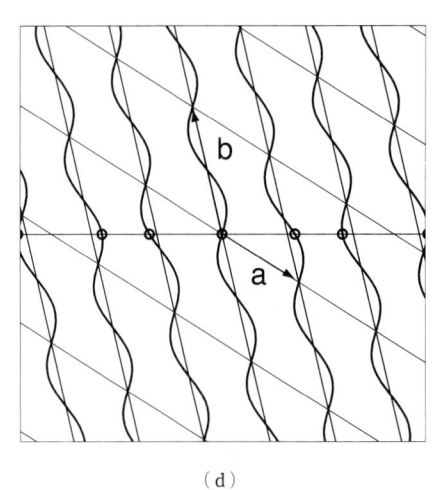

6. 準周期構造と 4 次元

●図 6.2
(a) 1 次元の結晶に原子の周期の無理数(2.618…)倍の周期を持った波が立った場合,各原子(小円)は周期的な位置(縦線)から矢印の方向に動いている.このため周期がなくなっている.
(b) (a)の原子の位置は 2 次元の周期構造の 1 次元空間(水平線)での断面で表される.2 次元空間の繰り返し周期の単位(単位胞)が平行 4 辺形で表されている.
(c) (b)を縦方向に引き延ばしても断面は変わらない.
(d) (b)の上端,下端を左右に移動させて,図形を一様に変形しても(剪断歪みを加えても)断面は変わらない.

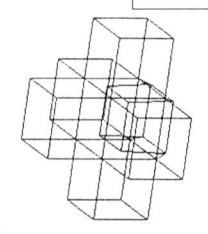

6. 準周期構造と4次元

然の岩石,最近さかんに研究されている酸化物超伝導体,有機物などにたくさん見られる.変調構造と似たものに複合結晶がある.これはとくに最近研究がさかんになってきて数多く発見されてきた.とくに硫化物に多く見られる.これは結晶の中に別の結晶が入り込んだものと考えることができる.ちょうどカビが隙間に入り込んで成長するように,結晶の中の隙間(トンネル)に別の結晶が成長していると考えることができる.つまり複数の結晶がそれぞれ勝手に自分の都合のよい周期をとっている.これも4次元の結晶の3次元断面で表すことができる.

1983年に第3の新しい固体の形態が発見された.これは結晶でもなく,変調構造でも複合結晶でもなく,またガラスのように原子が無秩序に並んだものでもない新しいもので,準結晶とよばれている.この物質は原子が規則正しく並んでいるのに繰り返し周期がないのである.準結晶は2次元平面上に投影した原子配列だけを考えればこれは4次元空間の結晶を2次元平面で切ったとき得られる平面状の2次元断面と考えることができる.あとで紹介するように準結晶の原子配列はきれいで,新しい感覚のデザインとして使えるほどである.

読者はまず図6.1の上のカラー写真(口絵1)を眺めていただきたい.これは最初に発見されたアルミニウム・マンガン(Al-Mn)準結晶の構造モデルの一方向からの投影である.赤丸はアルミニウム(Al)原子を,青丸はマンガン(Mn)原子を表している.一見してわかるように,どこにも繰り返し周期がない.しかし原子は規則正しく並んでいる.このような構造はどのようにして理解できるのであろうか.自然はじつに複雑なものをつくるものである.このような構造を決定するには,回折実験がよく用いられる.これは平行なX線,電子線,中性子線などを結晶にあて,その回折強度を調べるものである.回折は特定の角度にだけ起こり,それを調べることによって原子配列が決定できる.図6.1の下は図6.1の上の準結晶から得られるX線回折図形である.実際の回折図形では回折点は一定の広がりしか持たず,その強さが異なるだけであるが,ここでは強さを丸の大きさで表してある.中心から同じ距離に10個の強度の等しい回折点が並んでいるのがわかる.回折図形が点状になるのは繰り返し周期を持つ結晶の特徴であると長い間考えられていた.しかし,これは必要条件ではなかった.周期がなくとも,このようにきれいな点状の回折図形が得られるのである.上に述べた三つの構造はすべて点状の回折図形を与える.回折点が等間隔に並んでいないのも周期のないことを表している.

同心円上の10個の強度の等しい回折点は,この結晶が5回対称あるいは10回対称を持っていることを表している.すなわち,結晶を1/5回あるいは1/10回回転し,適当にずらすと,もとのものに重なってしまうことを意味している.ただし,結晶は無限に大きいものと考える.あとで述べる8回対称の準結晶では同心円上に8個の回折点が出る.この5回,8回あるいは10回対称などは周期を持った結晶では許されないのである.これは正5角形,正8角形あるいは正10角形を紙面に隙間なく詰めることができないことと関係している.正3角形,正4角形,正6角形は周期的に隙間なく詰まることは,簡単にわかるであろう.このことと関連して3回,4回,6回対称を持った周期構造はできるが,5回,8回,10回対称を持ったものはできない.

ここでは複雑な実際の変調構造,複合結晶,準結晶の構造を述べるのではなくて,これら

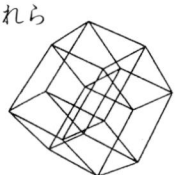

6. 準周期構造と4次元

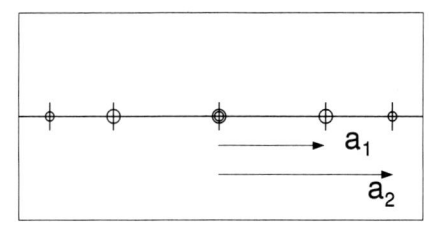

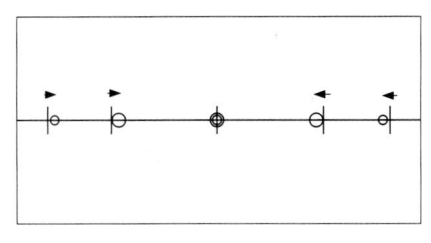

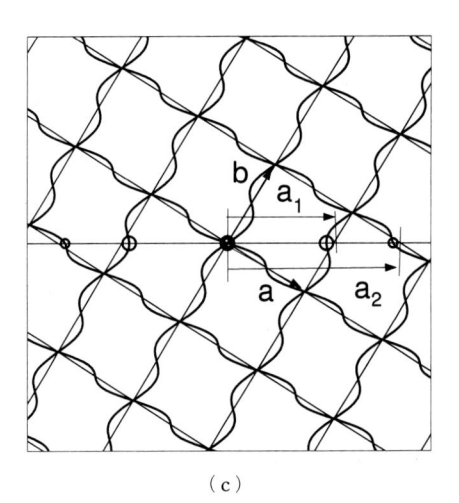

●図 6.3
(a) 1方向に二つの周期を持つ複合結晶. 小円の周期は大円の周期の無理数 (1.618…) 倍.
(b) 小円に大円の周期の波が, また大円に小円の周期の波が立った場合.
(c) (b)の原子位置は, このような2次元周期構造の1次元断面で与えられる. 連続な原子が2方向に現れるのが複合結晶の特徴である.

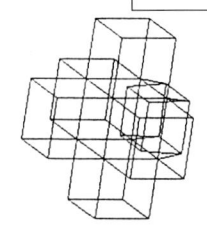

の構造を高次元空間の結晶として表す原理を理解するのに必要な，なるべく簡単な例を中心に述べることにする．

6.2 ● 1次元準周期構造

3次元の準周期構造を4次元で考える前に，1次元の準周期構造を考えよう．我々は1次元空間に住んでいるとしよう．そのとき，三つの準周期構造はどのように表されるだろうか．最初は変調構造である．1次元空間の線上では波はその線方向の波しか考えられないので図6.2(a)のように波打った構造を考えよう．これは2次元の周期構造すなわち，2次元の結晶を考え，その1次元空間による線状の1次元断面を考えると得られる．2次元結晶構造は容易にみて理解できるので，3次元準周期構造を4次元結晶から得るための原理を理解するのに便利である．図6.2(b)で変調構造を2次元空間の周期構造の1次元断面として表す例を説明しよう．この波打った構造は図からわかるように2次元空間の周期構造(2次元結晶)を1次元空間で切った断面として得られる．ここでは我々の住んでいる1次元空間を水平線にとった．また原子は大きさを無視し，点であると考える．便宜上この1次元空間を実空間，これに垂直な空間を補空間ということにする．

この2次元結晶は普通の結晶とは明らかに異なっている．つまり原子に対応するものが補空間方向に連続的につながっている．しかしこれも周期構造であることには変わりがない．このような連続的なものも原子とよぶ．このような記述を用いるとき，原子の曲がり具合が1次元空間上の原子の位置を決めることがわかる．このような記述法ではいくつか注意することがある．2次元空間の構造は仮想的なもので，我々にとっては実空間上の構造しか認識できない．そのようなわけで1次元実空間上の原子の位置が同じであれば図6.2(b)以外の2次元周期構造を考えても我々には同じものに見える．たとえば図6.2(b)を縦方向に引き延ばしても(図6.2(c))，水平線を固定して上端下端を左右に引きちぎるような，いわゆる剪断歪みを加えても(図6.2(d))同じものに見えてしまう．このように同じ実空間上の構造を与える2次元結晶は無数にあることになる．それぞれの図には通常の結晶学で用いるのと同じように斜交軸座標系を用いてある．通常は最も簡単で考えやすい図6.2(b)の2次元結晶が選ばれる．ここではb軸は補空間に平行にとられる．一方a軸は実空間にも補空間にも平行でない．このa軸の傾きは重要な意味を持っている．これによって実空間上の波の周期が決まるのである．

1次元空間の複合結晶は少し現実的ではないが考えてみることにする．1次元空間にある原子が一定の間隔で配列し，これとは異なった一定の間隔で別の原子が配列しているとしよう(図6.3(a))．二つの間隔の比は無理数であるとする．これが1次元空間の複合結晶である．このとき変調構造とは違って二つの原子はある所で非常に接近しほとんど重なってしまう．これは実際の物質では原子は一定以上近づくことはできないので現実的ではないが，簡単のためこのような不都合は無視することにする．実際の複合結晶では各原子間の相互作用のため互いに相手の影響を受け，他方の周期で変調される．つまり他方の周期を持った波が立つ(図6.3(b))．このような構造も2次元の周期構造の1次元断面として表され

6. 準周期構造と4次元

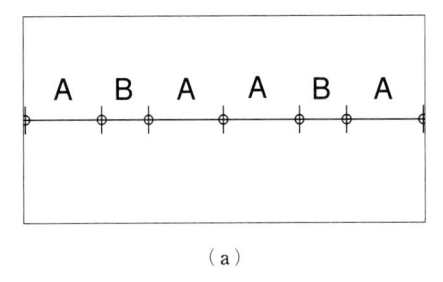

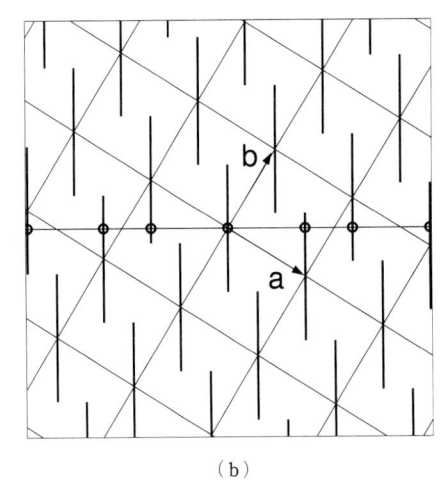

●図 6.4
(a) 1次元の準結晶. 原子はAとBの2種類の原子間距離をとり, AとBの並び方に周期がない.
(b) (a)の原子の位置はこのような2次元結晶の1次元断面で与えられる. 縦方向にのびた原子はあるところで水平方向にジャンプしている.

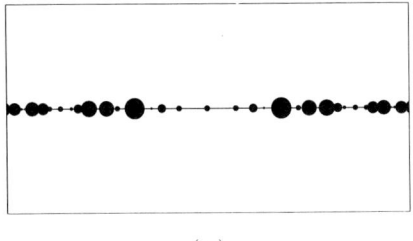

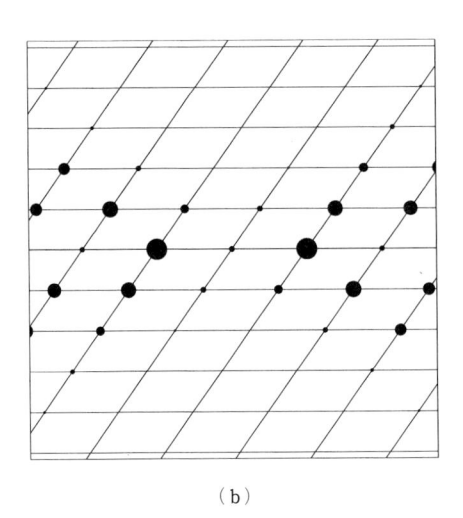

●図 6.5
(a) 1次元空間の変調構造, 図6.2(a)の回折図形. 回折強度は円の面積に比例する.
(b) 2次元結晶, 図6.2(b)の回折図形. (a)はこの図形を縦方向に投影して得られる.

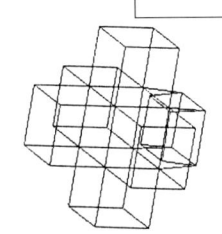

6. 準周期構造と4次元

る（図 6.3（c））．ここでは 2 種類の原子は傾きの異なった連続原子の断面に対応している．変調構造と違っているのは 2 種類の傾きを持った原子があるということである．もちろんこの場合も，補空間のスケールなどを変えても実空間上の原子位置は変わらない．もっと現実的な複合結晶は，2 次元空間の複合結晶で，これは 3 次元空間で表される．つまり図 6.3 の 2 種類の原子（大円と小円）が紙面に垂直な方向にずれているとすれば原子間距離が近くなりすぎることは避けられる．いずれにせよ複合結晶は二つの変調構造が互いに貫入したものになっている．つまり複合結晶では二つの変調構造があるので，変調構造のより一般的な場合と考えることができる．

1 次元の準結晶も少し現実的ではないが，準結晶の特徴を持った 1 次元構造を考えることにしよう．準結晶では原子は 2 種類の原子間距離があり規則的ではあるが，非周期的に配列しているのが特徴である．図 6.4（a）には長短の原子間距離があり，それらを A, B とするとき，A, B の配列には，周期がない．これは最初の AB から始まって，A を AB, B を A に置き換える変換を繰り返して得られる．これはフィボナッチ列とよばれるが，このような構造は図 6.4（b）の 2 次元周期構造の 1 次元断面として考えることができる．

さて，この準結晶の特徴は何であろうか．気づくのはいままで連続的であった原子が途中でバラバラに切れていることである．つまり，原子はある所から別の所にジャンプしていて，原子間距離が 2 種類生じている．ここでは周期的な原子配列に波が立っていると考えるのは無理がある．準結晶は周期構造に波が立った構造と考えてはいけないのである．1 次元準結晶では，結晶では許されない高い対称性を実現することは不可能であるが，次節で述べるように実際の準結晶はそうなっている．このことからも，周期構造から準結晶構造を得るには対称性（すぐあとでふれる）を上げるような波（変調）を考えなければならないことがわかる．一般に変調は対称性を低下させるから，そのような変調は特殊なものでなければならない．ここにも準結晶を周期的な構造からの変調と考えることの不自然さが現れてしまう．それより，準結晶を考えるときにはいつも不連続な原子を考える方が自然である．

結晶学では結晶の対称性，つまり一つの図形を回転（反転を含む），移動などで自分自身に重ねる性質が重要な役割を演じるが，これを表すのに空間群を用いる．群というのは操作の集合で，それらの間に積などといった演算が定められていて，それが一定の法則を満たしているものをいう．これは抽象的な数学の概念であるが，結晶学で用いる空間群では，この操作に相当するのが結晶を回転させその後結晶を平行移動させる操作である．無限に大きな結晶では，結晶をある点のまわりに回転させ，一定距離だけ平行移動（並進）させるともとの結晶に重なる．このような操作の集合が数学でいう群の条件を満たしているので，空間群という名前がついている．図 6.2（b）の場合は図の中央のまわりに 2 回回転（$1/N$ 回の回転操作は N 回回転とよばれる）させてももとのものに重なるのがわかる．図 6.2（b）の 2 次元の結晶を自身に重ねる回転操作はこれしかない．群では何もしないのも操作と考え（恒等操作）これも群の操作に入れる．続けて行った二つの回転操作は他の一つの回転操作に等しいので，引き続いて行う回転操作を回転操作の演算（積）と考える．そうすると回転操作の演算は群の規則を満たすのである．回転操作のみの群は点群といわれている．1 次元の準周期構造では恒等操作のみからなる点群 1 と恒等操作と反転からなる点群 $\bar{1}$ の二つ

6. 準周期構造と4次元

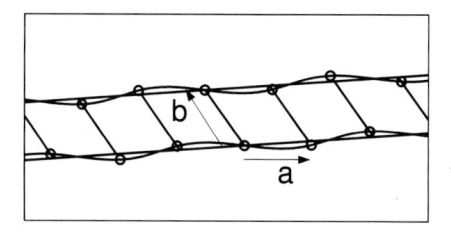

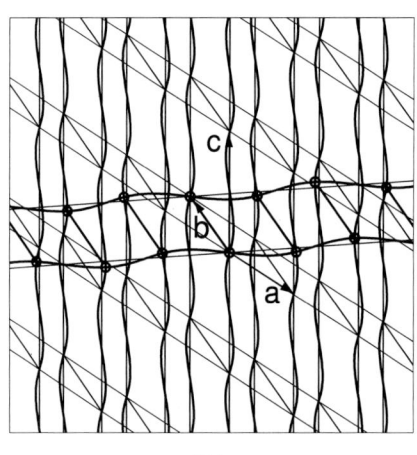

●図 6.6
(a) 2次元空間の横波による変調構造. 原子は a-b 面内で b 方向に動いている.
(b) (a) の構造はこのような3次元空間の周期構造の2次元断面で与えられる. 繰り返し周期の単位(単位胞)は平行6面体となる.

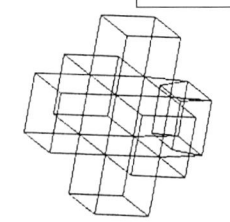

の点群しかないので,群を考えてもあまり重要な結果はでないが,3次元空間では32あり,群は重要になる.空間群はこれらの回転操作に結晶の周期の整数倍の並進操作を合わせたものである.並進操作は無限にあるので,空間群の操作は無限にある.

さて図6.2(a)のような変調構造にX線をあて,回折実験を行ったらどうなるであろうか.回折線の強度は結晶を構成する原子の電子密度のフーリエ(Fourier)成分に関係していることが知られている.図6.2(a)は周期性がないが,まず周期的な場合を考えよう.周期的な関数はフーリエ級数に展開できる.1次元ではこれは周期的な関数を$\sin$と$\cos$関数の無限の和(無限級数)として表せることを意味する.これらの係数がフーリエ成分である.言い換えると周期関数はその周期を持ったサイン波とコサイン波とその高調波(周期が$1/2, 1/3, \cdots, 1/n$の波)の足し算で表すことができ,それぞれの波の振幅がフーリエ成分を与える.

結晶では電子密度は周期関数になっている.このため,結晶の回折実験ではフーリエ成分が観測できることになり,波の波長および,その$1/2, 1/3, \cdots, 1/n$に対応する位置に回折強度が得られる.実際には,回折線が得られる位置はそれぞれの波の波長の逆数に比例した位置である.つまり回折線は狭い領域にのみ強度を持ちそれらは一定の間隔で観測される.その回折点の強度から我々は波の振幅を得ることができ,電子密度を再現できて,その電子密度から原子の位置がわかるのである.要するに周期的な構造の回折図形には等しい間隔で回折点が現れる.

これは周期的な場合の話である.図6.2(a)の場合は原子の位置には周期性がない.このような場合にも回折実験では飛び飛びの位置に回折強度が得られる.しかし,この間隔は一定ではない(図6.5(a)).このような回折図形を解釈するのに,高次元空間が考えられた.いまの1次元の場合には2次元を考えることになる.図6.2(b)でわかるように2次元空間では周期的な構造が考えられる.図6.2(a)はその1次元空間の断面であった.それでは図6.5(a)の回折図形は図6.2(b)のフーリエ成分と関係していないだろうか.2次元空間では電子密度は周期的であるので,飛び飛びの位置に回折強度が得られるであろう.2次元空間の周期関数もフーリエ級数に展開される.このとき,回折線の出る位置は2次元格子の格子点になる(図6.5(b)).これは図6.2(b)の2次元格子の逆格子とよばれ,軸は図6.2(b)の軸に垂直である.図6.5(a)は図6.5(b)を垂直方向に投影して得られる.フーリエ変換には,周期関数の断面として与えられる関数(これには周期がない)のフーリエ成分は元の関数のフーリエ成分の,断面に垂直な投影であるという性質がある.このため図6.5(a)は図6.5(b)の投影で得られるのである.こう考えると,周期のない結晶がどうして点状の回折図形を与えるのか容易にわかる.この性質のため結晶学では高次元の結晶を考えるのである.

このことは一方では高次元の結晶はどんな場合でも有効とは限らないことを意味している.たとえば変調構造の電子状態を考える場合,高次元の結晶を考えても意味はない.電子のエネルギーレベルは何かのフーリエ成分で与えられるわけではないからである.現在のところ高次元結晶の考え方が有効であるとわかっているのは結晶構造の決定の際だけである.しかしフーリエ変換の性質のために,結晶学では高次元結晶学が花開くことになった.

6. 準周期構造と4次元

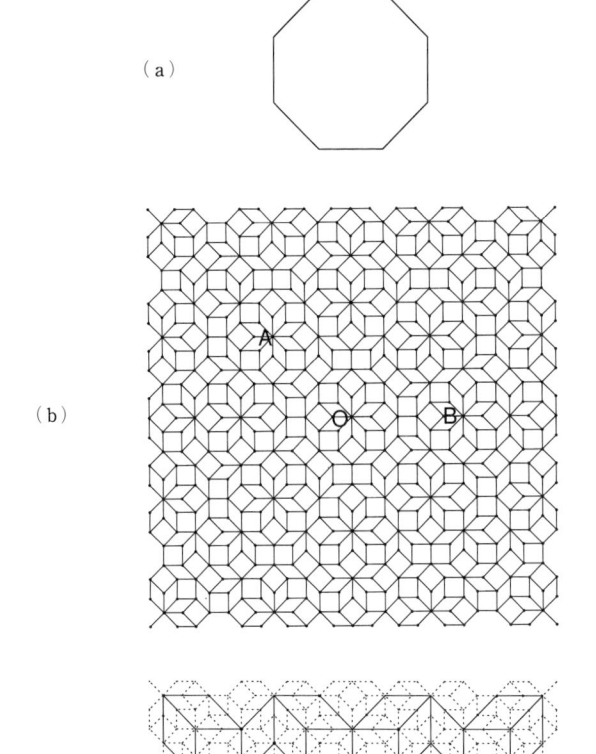

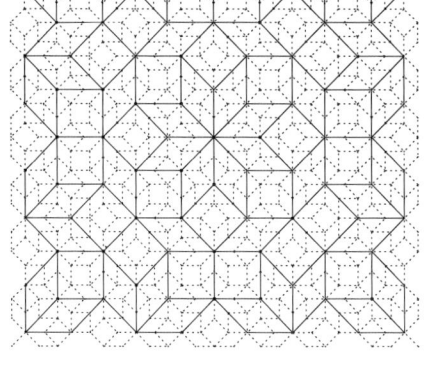

●図 6.7
(a) 8回対称図形(b)を生じる．正8角形の占有領域．
(b) 8回対称図形．正方形と菱形でできた周期のない図形．
(c) 大きな正方形，あるいは菱形(実線)を点線のように小さな正方形と菱形に分割し，小さな正方形の大きさが大きな正方形になるように全体の図を拡大し，また分割，拡大を繰り返すことによって，正方形あるいは菱形から(b)が得られる．

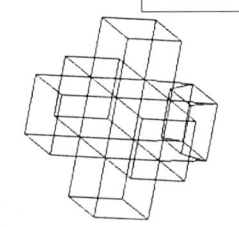

6.3 ● 2次元準周期構造

もう少し次元を上げてみよう．我々は2次元空間に住んでいるとする．そうすると考えられる構造も少し複雑になる．2次元空間では複合結晶も現実的な結晶構造となるほか，5回あるいは8回回転軸を持った準結晶も考えられる．変調構造，複合結晶は3次元空間で説明できるが準結晶は4次元空間が必要になる．

2次元空間の変調構造では，波は縦波と横波がある．2次元空間の一方向に波が立った場合を考えると，変調構造は3次元空間で表すことができる．変調波が縦波のときは原子変位（周期構造からの位置のずれ）は波の方向と一致しており，図6.2(a)が紙面に垂直方向にも周期的に配列していると考えればよい．この場合3次元の結晶は図6.2(b)を紙面に垂直な方向に周期的に配列したものとなる．横波のときはどうであろうか．このときは図6.6(a)のように波の方向はa軸に向かうが，原子変位はそれと直交したb軸方向に向いている．これは2次元空間で初めて可能な波である．このような構造は3次元周期構造（図6.6(b)）の2次元断面を考えると得られる．すなわち2次元空間の変調構造は3次元空間の結晶の2次元断面として表せることがわかる．

複合結晶はどうであろうか．これに対しては2次元空間では不自然なモデルしかできなかったが，3次元空間を考えると図6.3(b)の2種類の原子については奥行きが異なっているモデルが考えられる．この場合は1次元空間で原子が重なり合っても奥行き方向に離れていれば，原子間距離に不都合は生じない．この場合も縦波のほかに横波が考えられるが，それについては省略する．いずれにしても，複合結晶は2種類の変調構造が互いに貫入した構造である．

準結晶はこれらとはかなり異なっている．2次元準結晶の説明には最低4次元空間を必要とする．このため我々の直観が働きにくくなる．しかし，1次元の準結晶のとき述べた特徴は2次元準結晶でも保たれている．4次元空間は2次元実空間とそれに垂直な2次元補空間に分けられる．各原子は図6.4(b)のような線分状ではなくて多角形状の領域をつくりながら補空間上に広がっている．この領域は占有領域，あるいは窓とよばれている．以下では占有領域ということにする．多角形の占有領域の縁では原子はジャンプし別の多角形に移る．直観的には考えにくいが，3次元空間では直線と平面が1点で交わるように，4次元空間の2枚の2次元面は1点で交わるから，2次元補空間に広がった原子は，2次元実空間と1点で交わることになる．この交わった点が2次元空間上の原子位置を与える．

簡単な2次元準結晶の例をあげよう．4次元空間で説明可能な2次元準結晶には，5回，8回，10回，12回対称を持つものがある．最初は8回対称のものである．これは4次元の超立方格子の原点に2次元補空間上に広がる8角形の占有領域を考えると得られる．4次元超立方格子は，2次元の正方格子（正方形を敷き詰めたもの），3次元の立方格子（立方体を詰めたもの）の4次元版である．この4次元格子の単位胞（2次元正方，3次元立方格子の正方形，立方体に相当するもの）を，2次元実空間あるいは2次元補空間に投影したとき，正8角形になるように選ぶとよい．このように選んだ図6.7(a)の占有領域を用いると，図

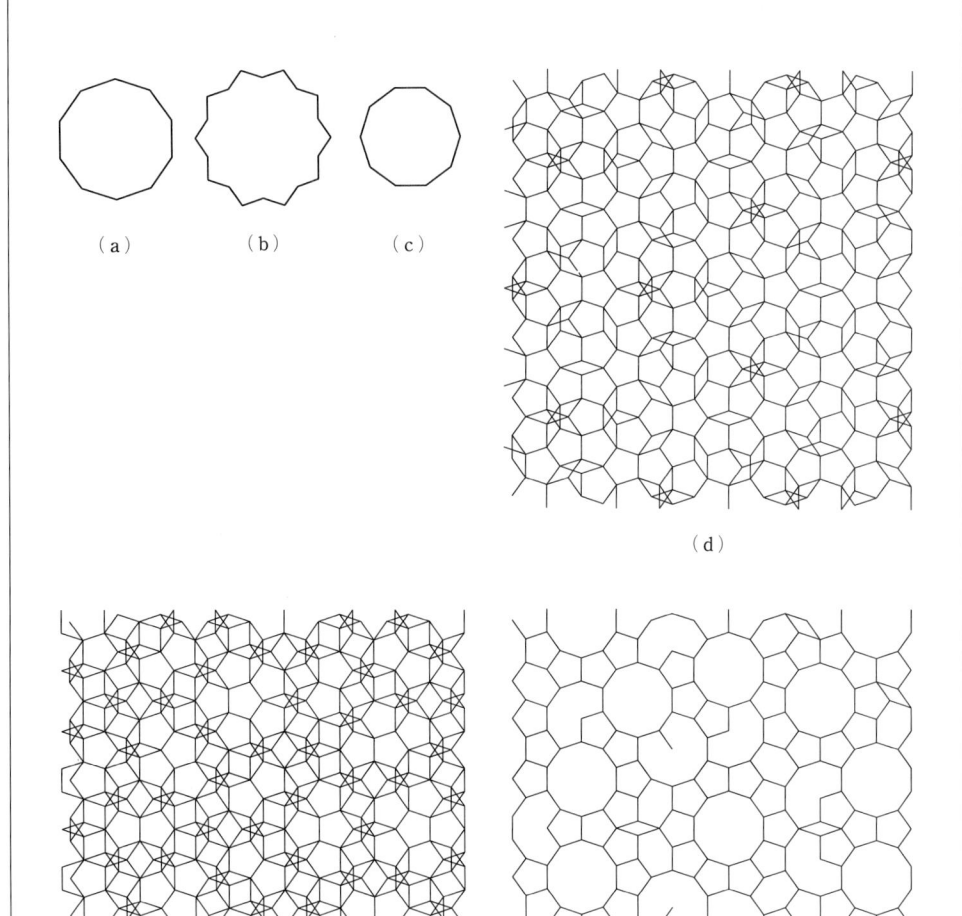

6. 準周期構造と4次元

(a) (b) (c) (d) (e) (f)

●図 6.8
10回対称を持つ占有領域(a〜c)から図形(d〜f)が得られる.

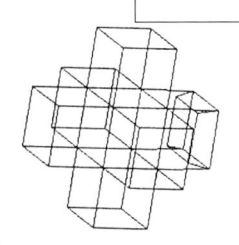

6.7(b)が得られる．ここでは便宜上得られた点を直線で結んである．図形は二つの平行4辺形（正方形と菱形）で隙間なく詰まっている．しかし周期性はないのがわかる．準結晶ではこの図形の各交点に原子があると考える．

一見してこの図形が8回回転対称を持つことを理解するのは難しい．確かに，交点 O のまわりに 1/8 回転するともとの図形に重なるのがわかる．しかし，周期的な図形と違って，このような点は無限に大きな図形の中に一つ（交点 O）しかない．ある点のまわりに図形を回転したとき，狭い範囲で図形が重なればよいとすれば，そのような点はたくさんある．交点 O のまわりと似た点は A, B などたくさんあるからである．このような図形のつくり方には別の簡単なものがある．つまり図 6.7(c) のように，大きな平行4辺形を小さなものに分割する．小さなものの1辺は大きいものの $(\sqrt{2}-1)$ だけ小さくなっているのでこれをもとの寸法になるように引き延ばし，また分割を繰り返すことによって図 6.7(b) が得られる．この方法から，図形を $(1+\sqrt{2})$ 倍したものはもとの図形の一部であることがわかる．このような性質は自己相似性といわれ相似比は $(1+\sqrt{2})$ である．自己相似な図形はこのような方法でもつくることができる．

10 回対称の図形を考えよう．これは 5 次元超立方格子から同様の考え方で得られる．5次元超立方格子の単位胞には体対角線方向に 5 回回反軸（1/5 回回転して反転する）があるからである．同様の図形はこの 5 次元空間の単位胞の体対角線に垂直な 4 次元空間からも得られる（N 次元空間の直線に垂直な空間は $N-1$ 次元である）．ここではこの 4 次元空間を考えよう．このときは考える格子は 4 次元超立方格子のように辺が互いに直交してはいないもので，10 方格子とよばれている．最も簡単なものは，この格子の原点に図 6.8(a) のような 2 次元補空間に広がった 10 角形の占有領域をおき，2 次元実空間の断面を求めると得られる（図 6.8(d)）．この図形は多くの 5 角形とその隙間を埋める菱形，舟形，星形からできていて，ペンローズ図形とよばれる．この図形は 5 角形では 2 次元空間を隙間なく埋めることができないことを示唆している．このため 5 回対称を持った周期構造ができないのである．

占有領域の多角形を変化させるといろいろな図形が得られる．こんどは 10 角形の辺をとがらせてみる．図 6.8(b) のようにすると，星形が増えてくる（図 6.8(e)）．一方，ひとまわり小さな 10 角形（図 6.8(c)）を用いると 10 角形と 5 角形の多い図形になる（図 6.8(f)）．実際の 10 回対称を持つ準結晶を電子顕微鏡で見るとこのような図形がしばしば見える．このような図形の各交点には原子ではなくて，原子クラスター（原子の塊）がある．

もう一つの 10 回対称の図形を紹介しよう．図 6.9(b) は座標が $i/5, i/5, i/5, i/5 (i=1, 2, 3, 4)$ の点に図 6.9(a) に示す 4 個の占有領域をおくときできる．どの占有領域も 5 角形である．これは 8 回対称の図形（図 6.7(b)）と同様に 2 種類の平行4辺形（菱形）でできている．一方，座標 $i/5, i/5, i/5, i/5 (i=-2, -1, 0, 1, 2)$ においた図 6.9(c) の 5 個の占有領域を使うと，図 6.9(d) が得られる．これにはダリアの花を思わせるようなパターンが出てくるという特徴がある．そのほか，占有領域の形，数を変えると，無数のパターンを描くことができる．図を描くには 4 次元結晶の 2 次元空間における断面を計算するコンピュータプログラムが必要であるが，簡単なものはマイコンでも書くことが可能である．

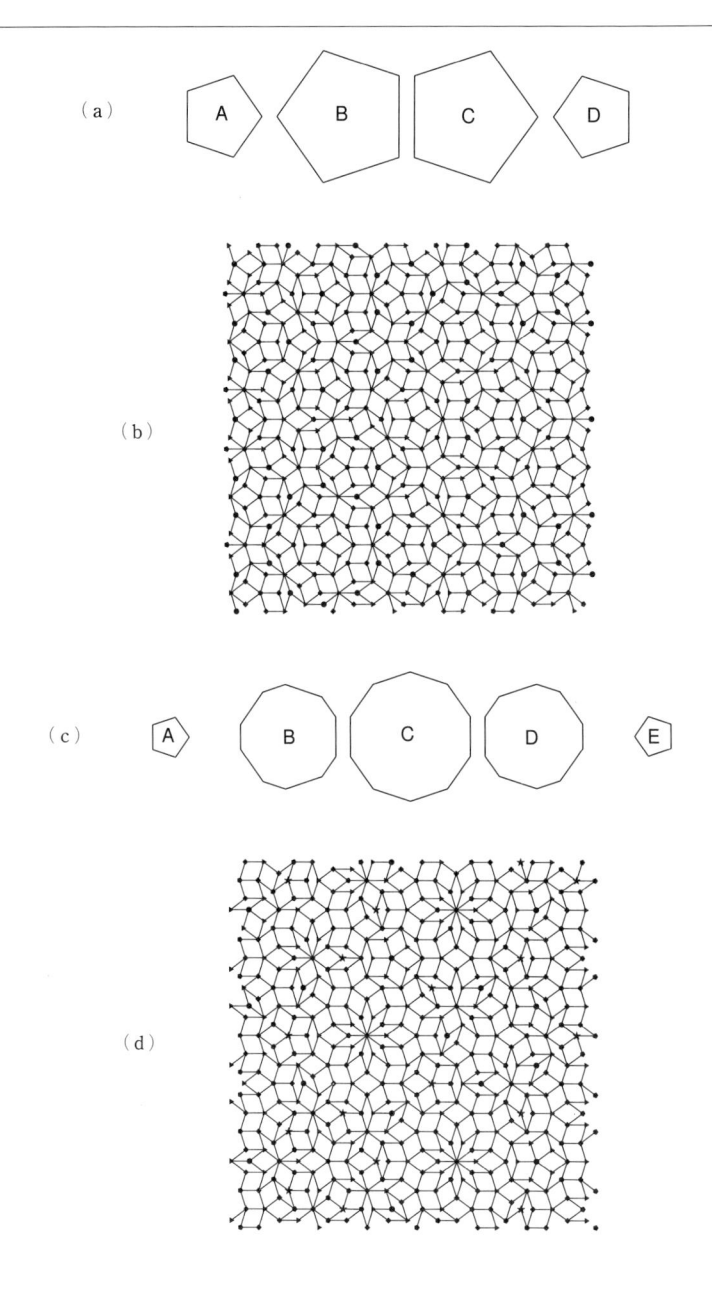

●図 6.9
(a) 座標 $i/5, i/5, i/5, i/5 (i=1,2,3,4)$ に置かれた 5 角形の占有領域 A, B, C, D.
(b) (a) の占有領域から得られる図形. 占有領域 A, B, C, D から得られる位置は丸, 3 角形, 4 角形, 5 角形で表されている.
(c) 座標 $i/5, i/5, i/5, i/5 (i=-2,-1,0,1,2)$ に置かれた 5 角形と 10 角形の占有領域 A, B, C, D, E.
(d) (c) の占有領域から得られる図形. 占有領域 A, B, C, D, E から得られる位置は丸, 3 角形, 4 角形, 5 角形, 星形で表されている.

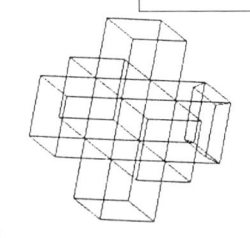

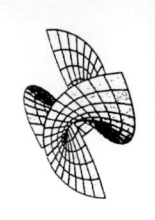

6.4 ● 3次元準周期構造

3次元空間の変調構造，複合結晶は前に述べた2次元のそれと基本的には変わらない．この場合は一つの縦波と二つの横波が考えられ，4次元空間の結晶の3次元断面となるだけである．

これまでに述べた準周期構造は，4次元空間までの結晶として記述することができた．このほかにも，5次元以上の空間を必要とするものが知られている．変調構造にも2方向に波が立ったものがみつかっており，これは5次元空間の結晶と考えられる．このほか3次元準結晶は6次元空間の結晶の3次元実空間の断面で与えられる．

ここでは3次元準結晶の簡単な紹介をする．この構造は立体的に見ることのできない紙面に描いた図で紹介するには複雑すぎるかもしれない．本書の4次元の世界からも逸脱している．しかし3次元の準結晶の最も簡単な例である3次元ペンローズ図形には美しい形が現れる．これは組み合せるときれいな立体を形作ることができる．これは4次元空間とは無関係で，すべて3次元空間の話である．3次元ペンローズ図形は二つの菱面体(図6.10(a)．左は鋭角タイプ，右は鈍角タイプ)を隙間なく詰めた形をしている．これには前に述べた自己相似性があり，それぞれを$(\sqrt{5}-2)$だけ小さなもので分割することによってつくることができる．

この分割は四つの多面体(図6.10(b))で考えるとわかりやすい．左端の花形12面体は20個の鋭角菱面体でできている．その右の菱面20面体は5個ずつの鋭角菱面体と鈍角菱面体でできている．さらに右の菱面30面体は10個ずつの鋭角菱面体と鈍角菱面体で組み立てられる．このほかに右端の鈍角菱面体が必要である．この四つの多面体を用いると，$(2+\sqrt{5})$倍大きな二つの菱面体を小さなものに分割できる．分割方法を図6.10(c)と(d)に示してある．いずれの場合にも全体の枠組となる菱面体の頂点には花形12面体が，また辺の中央には菱面20面体がある．大きな鋭角菱面体の体対角線上には鈍角菱面体を共有した2個の菱面30面体がある．また，大きな鈍角菱面体には小さな鈍角菱面体が6個入る．このような分割を繰り返せば3次元ペンローズ図形が得られる．

3次元ペンローズ図形は正20面体の回転対称性を持っていて，120個もの対称操作がある．特徴的な操作として6本の5回回転軸，10本の3回回転軸，15本の2回回転軸のまわりの回転がある．これらはちょうどサッカーボールの模様をそれ自体に重ね合せる回転操作と同じである．この対称性を持った準結晶が1984年の暮れにアルミニウム・マンガン(Al-Mn)合金で発見されて以来，20面体対称を持った準結晶がたくさん発見されて，現在では代表的なものでも十数個ある．アルミニウム・マンガン準結晶のモデルは図6.1(a)に示したとおりである．これは3次元ペンローズ図形ではなくもっと複雑である．しかしこの準結晶の構造も完全に決定されたわけではない．実際の準結晶の構造はいままで述べてきたものより複雑であり，それを決める手法は現在研究が行われていて，まだよくわかっていない．余談ではあるが20面体対称準結晶を6次元空間の結晶として説明する際の占有領域の形にはおもしろいものがある．図6.11にその一例をあげておく．これはアルミニウ

6. 準周期構造と4次元

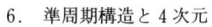

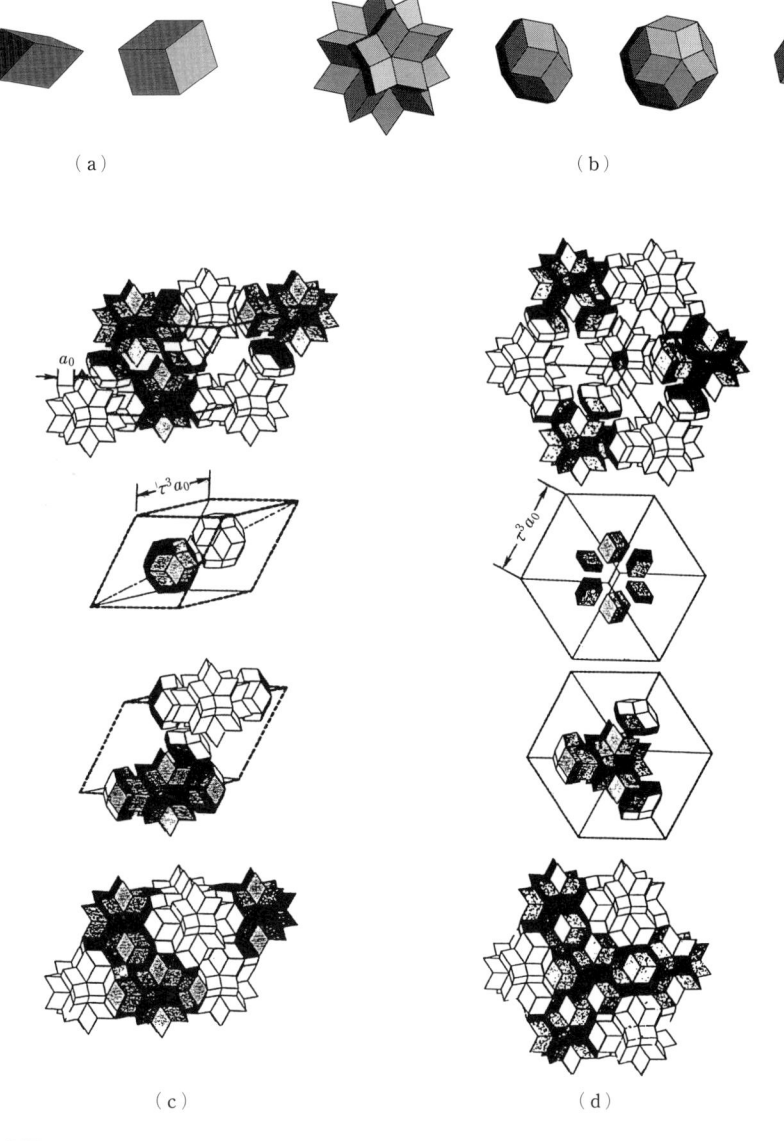

●図 6.10
(a) 3次元ペンローズ図形を形作る2種類の菱面体.
(b) 3次元ペンローズ図形はここに示した4種類の多面体でできていると考えることもできる. 左の三つはさらに(a)の菱面体に分割できる.
(c), (d) 3次元ペンローズ図形. 大きな菱面体を(b)に示した4種類の多面体でこのように分割し, 小さな菱面体を大きなものと同じ大きさになるまで拡大し, さらに分割, 拡大を繰り返すことによって, どちらかの菱面体からつくることができる(AudierとGuyot, 1988).

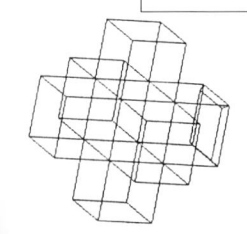

6. 準周期構造と4次元

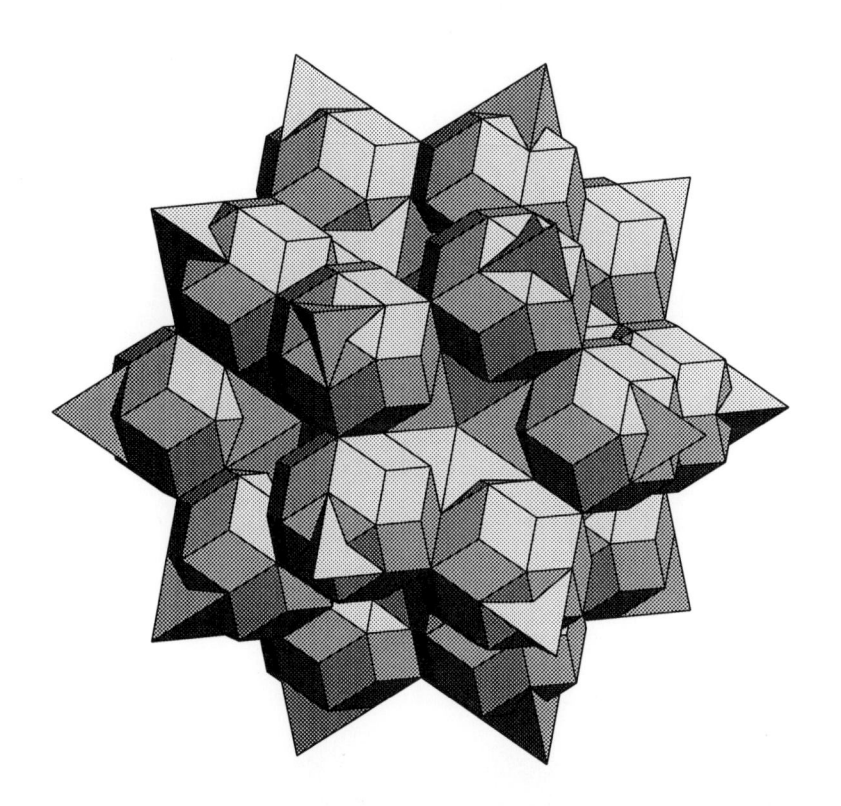

●図 6.11
アルミニウム・銅・リチウム準結晶のリチウムの占有領域

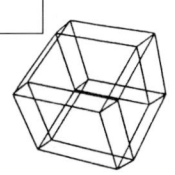

ム・銅・リチウム(Al-Cu-Li)準結晶のリチウム(Li)原子に対する占有領域である．形としては花形12面体と小さな菱面30面体の組み合せであるが，ペンダントのデザインにでも使えそうな気がするがいかがであろうか．

おわりに
結晶学が4次元以上に拡張されたのは1974年のデ・ボルフの論文によってである．その後のこの分野の発展は目覚しく，とくに1983年の準結晶の発見以来，さかんに研究されいまも発展している．その応用は，結晶学にとどまらず，独特の対称的な図形の美しさは建築デザインなどへの応用も考えられる．桜の花など自然界に見られる5回対称性は結晶にまで現れ，結晶学を思いもよらない方向に発展させている．本書の目的である4次元空間の有用性が結晶学への応用を通して読者に少しでも伝えられただろうか．

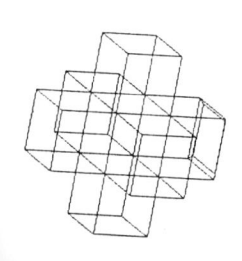

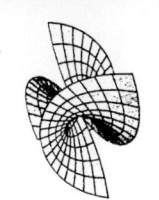

4次元のブラベ格子

松本崧生

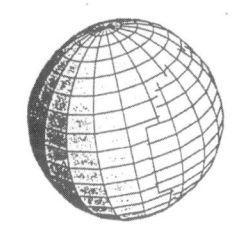

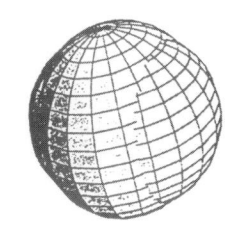

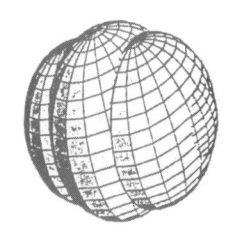

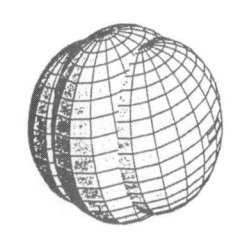

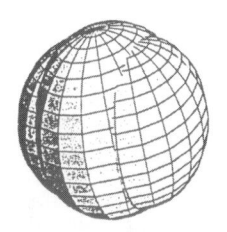

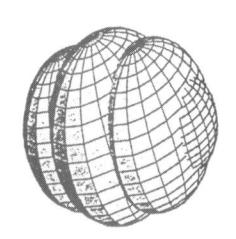

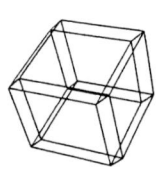

7

7. 4次元のブラベ格子

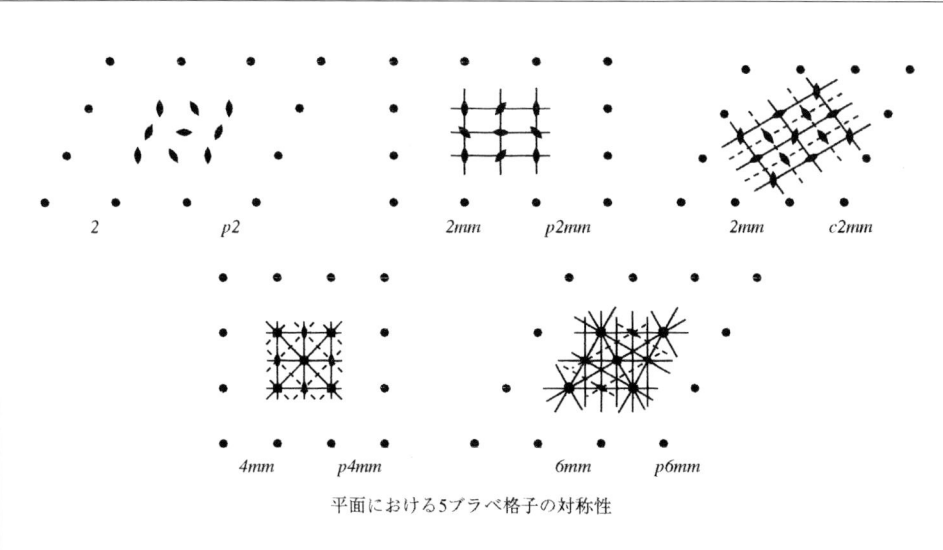

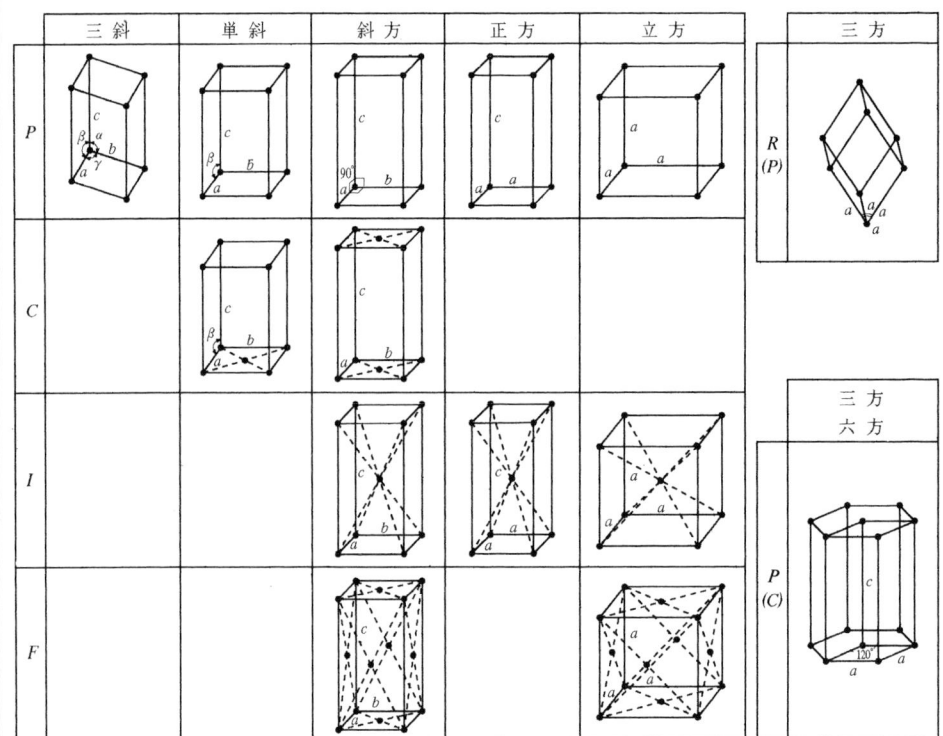

平面における5ブラベ格子の対称性

3次元14ブラベ格子

●図 7.1
2, 3次元のブラベ格子(文献 9)

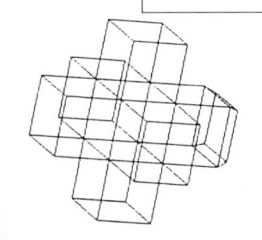

7. 4次元のブラベ格子

3次元の結晶はいうまでもなく原子が縦,横,高さ方向に規則正しく周期的に並んだもので様々な対称性を持つが,その対称性は230種の空間群で表される.この空間群は結晶構造を決定する際に重要な役割を演ずるだけでなく,結晶の物理的な性質を支配していて,これを調べることは固体の性質を知るためにも重要である.しかしここでは少し現実の世界を離れ,4次元の空想の世界に入ってみる.空想の世界も我々の住んでいる世界とは無縁ではない.

たとえば,原子がスピン磁気モーメント(原子磁石)を持った磁性体(磁石)の対称性を表すため,空間群を拡張して反対称の概念(スピン磁気モーメントを反転する操作)が導入され,1651種の磁気空間群が導かれたが,これはスピン磁気モーメントの向きに1次元をあてた(3+1)次元の空間群ともみなすことができる.このほかにも変調構造の空間群なども(3+1)次元の空間群で表される.このような(3+1)次元の空間群は4次元の空間群の一種であるが,通常の3次元空間にそれとは同等でないよぶんな1次元空間が加わっている.このような場合,3次元空間の結晶に4次元空間の数学を応用すると便利な場合がある.

ここではもっと一般的に,仮想的な4次元空間の結晶を考えてみることにする.そうするとより多くの空間群が導かれる.この4次元空間群は磁気空間群などと違って四つの次元を同等とみなしたもので,4次元空間の四つの方向の並進操作を考えることになる.こうした4次元結晶の可能な対称性は長年にわたって研究され,1978年ブラウンら5名によって4895種の4次元空間群のリストが公表された.このように空間の次元が増えるにつれて空間群の種類が多くなり,4次元の空間群についても紹介しきれない.そこで4次元の結晶の対称性から導かれる空間群についてではなく,4次元格子を対称性で分類した4次元のブラベ格子について紹介する.これでも74種類もあるので,その一部だけを紹介して,次元の違いによる格子の種類の違いを考えてみたい.

7.1 ●対称操作と対称要素

4次元の話をする前に,通常我々が生きている低次元の世界から考えてみる.簡単な平面上の図形とか模様が一定の操作で自身に重ね合せられるとき,その図形なり模様は対称性を持つという.

3次元でも同様に考えることができる.この場合は一般的には重ね合せる操作,すなわち合同変換として次の2種類の回転がある.

(1) N 回回転軸.固定点を通る軸について,反時計回りの $2\pi/N$ の回転.
$$N : 1, 2, 3, 4, 5, 6, \cdots\cdots, \infty$$

(2) N 回回反軸. $2\pi/N$ 回転後,軸上の固定点で反転する.
$$\bar{N} : \bar{1}, \bar{2}(m), \bar{3}(3+\bar{1}), \bar{4}, \bar{5}, \bar{6}(3/m), \bar{7}, \cdots\cdots, \bar{\infty}$$

記号 N は $2\pi/N$ の回転のみならず,その整数倍の回転の集合も表す.たとえば,4,すなわち4回回転軸の記号は90°,180°,270°,360°(0°)回転の4個の元の集合も表す.この場合回転操作を連続して行うことを積と定義すると,この回転操作の集合は数学でいう群の条件を満たすので,点群といわれる.つまり4は点群の記号でもある.この場合,0°回転の

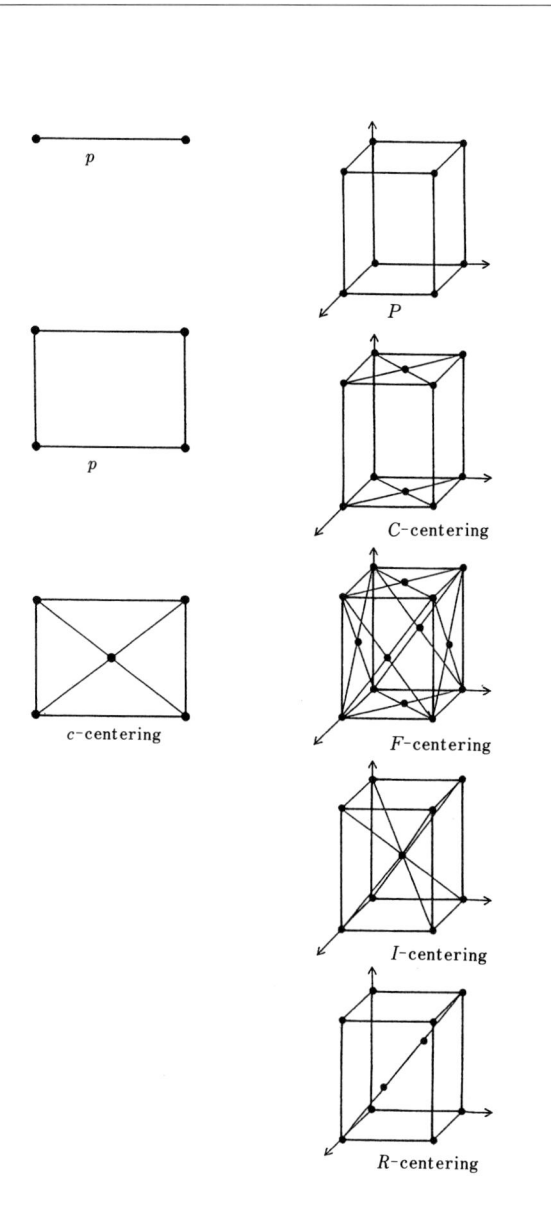

7. 4次元のブラベ格子

●図 7.2
1, 2, 3次元のブラベ格子型．単純格子と複合格子．

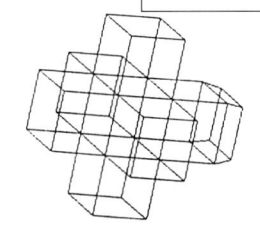

ような何もしない操作も操作の一つ(恒等操作)である．同じ操作を n 回連続して行うとこの恒等操作に等しくなるとき，n をその操作の位数という．N 回回転軸の位数は N となる．一方，回反軸は反転操作を含むので，右手を左手に変換する．また位数は偶数になる．$\bar{1}$ は反転(対称心)を意味し，$\bar{2}$ は鏡映面 m を意味する．これらはともに位数が 2 であり，右手を左手に変換する．$\bar{3}$ は 3 と $\bar{1}$ が一緒になったもので，位数は 6 である．点群 $\bar{6}$ の要素のうち，半分は右手を右手に，あるいは左手を左手に移し，残りの半分は右手を左手に，左手を右手に移す操作となる．つまり点群は N 回回転軸，N 回回反軸の積によってつくられる．ただし 5 や $\bar{5}$，および 7 以上の回転，回反軸は 3 次元空間の周期構造では現れない．

7.2 ●結晶の対称性

繰り返し周期を持つ構造を重ね合せる操作には，上に述べた回転，回反操作とは別種のものがある．それは平行移動で，並進操作とよばれ，それによる対称性は並進対称といわれる．繰り返し模様が無限に続けば並進対称があり，その並進の方向が一つであれば 1 次元，独立な方向が二つあれば 2 次元の並進対称があることになる．つまり平面上の繰り返し模様は 2 個の独立な並進操作の組み合せで実現できる．同様に空間内の 3 次元繰り返し模様は三つの独立な並進操作の組み合せで表現できる．そのような独立な並進ベクトルを基底ベクトルという．結晶はある定まった原子の集団が構成単位となって 3 方向に並進を繰り返す 3 次元周期配列をしているのである．

いま原子集団の構成単位の 1 点に着目すると，結晶中ではこれと等価な点が周期配列していて，3 次元網目模様になっている．この模様を空間格子という．この空間格子上の点(格子点)の位置 r は基底ベクトルを a, b, c とすれば，$r(m, n, p) = ma + nb + pc$ (m, n, p は整数)で表せる．この場合，結晶を $r(m, n, p)$ だけ平行移動しても，初めの構造と重ね合せることができる．

この並進対称のため，結晶で許される回転，回反軸は 1, 2, 3, 4, 6 ならびに $\bar{1}, \bar{2}(m), \bar{3}, \bar{4}, \bar{6}$ に限られる(結晶学的制約)．これら 10 種の操作の組み合せで群をつくる集合は 32 個あり，結晶点群あるいは晶族といわれている．

結晶の対称性はこのような回転，回反操作と並進操作の組み合せで決まるが，このほかにも可能な回転操作がある．上に述べた N 回回転軸に，軸に沿った繰り返し周期の n/N 倍(n は整数)の並進を伴ったものである．これは N 回螺旋軸とよばれている．また鏡映面に並進を伴ったものは映進面といわれる．このような操作の組み合せで，結晶構造をそれ自体に重ね合せるものの集合は群をつくり，空間群とよばれている．この空間群として 2 次元では 17 種，3 次元では 230 種，4 次元では 4895 種があることになる[6]．そのうち 3 次元の 230 種の詳細については文献 7 を参照してほしい．

7.3 ●ブラベ格子

最初に 2 次元格子を考えてみる．周期的な平面上の繰り返し模様では，独立な 2 方向の基

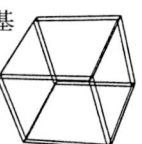

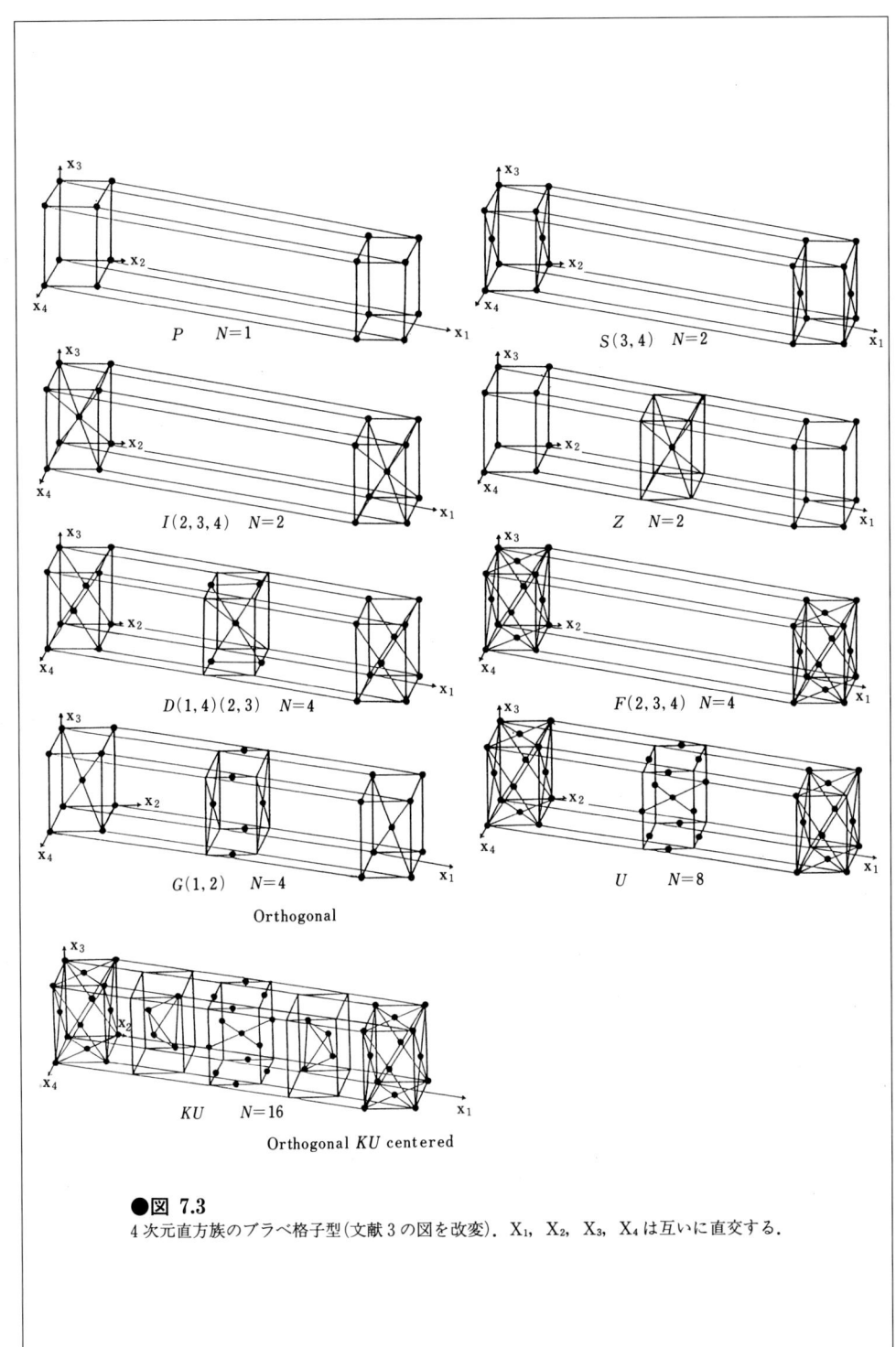

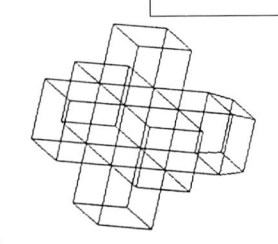

7. 4次元のブラベ格子

●図 7.3
4次元直方族のブラベ格子型（文献3の図を改変）．X_1, X_2, X_3, X_4 は互いに直交する．

- P　$N=1$
- $S(3,4)$　$N=2$
- $I(2,3,4)$　$N=2$
- Z　$N=2$
- $D(1,4)(2,3)$　$N=4$
- $F(2,3,4)$　$N=4$
- $G(1,2)$　$N=4$　Orthogonal
- U　$N=8$
- KU　$N=16$　Orthogonal KU centered

本並進ベクトル(基底ベクトル)があり，それらを a, b とするとき，すべての並進ベクトル r は m, n を整数とすると $ma+nb$ と書ける．ここで基底ベクトル a, b の選び方にはいろいろあるが，通常は a, b を辺とする平行4辺形の対称性が最も高いものを選ぶことになっている．このときの a, b の長さとそのなす角 a, b, γ は2次元の並進対称操作を決定するもので格子定数といわれる．a, b を辺とする平行4辺形は繰り返しの単位なので単位胞という．このような2次元格子は2次元の結晶の特殊な場合となっていて，その対称性は2次元の空間群(平面群)で表せる．この空間群で格子を分類したのがブラベ格子で，全部で5種類ある．図7.1(a)にこの5種類のブラベ格子とその対称性を示す．
この図で普通の平行4辺形は斜交格子，矩形は直交格子，正方形は正方格子，γ が $120°$ の菱形は6方格子の単位胞で，これらは単純格子とよばれる．一般の菱形は，直交する対角線を基底ベクトルとする直交格子二つが重なり合った複合格子と考えることができる．その場合，他方の格子は一方の格子を単位胞の中心に移動したものとなる．これを底心格子という．
同様の考え方で3次元のブラベ格子は14種類あることがブラベによって導かれた．単位胞の形の特徴によって，七つの結晶系に分類されている．この7晶系のそれぞれには単純格子 P がある．ただし三方晶系の菱面体格子 R は六方格子の複合格子(単位胞中に格子点3個)として表すこともある．単純格子以外を複合格子というが，これには底心格子 C，体心格子 I(以上格子点2個)，面心格子 F(格子点4個)がある．図7.1(b)で正方体心格子は大きな単位胞を考えると面心格子にとることもでき，このときの底面の正方形の1辺はもとの正方形の対角線となる．しかし対称性が同じ単位胞が複数考えられるときは体積の小さい方を採用することになっている．図7.1(b)で単位胞中の格子点は2軸が直交している面あるいは3軸が直交している平行6面体の中心にだけあることに注意すると，4次元のブラベ格子の理解が直観的にわかりやすくなる．ただし三方晶系の菱面体格子 R を6方晶系の複合格子として表すときは例外である．

7.4 ● 4次元のブラベ格子

4次元空間では3次元空間の a, b, c でつくられる平行6面体(単位胞)にもう1軸 d を加えてできる超平行6面体(8胞体)が考えられる．互いに直交する a, b, c でできる直方体をこれらに直交する d だけ移動してつくられる図形は，超直方体とよばれる．この超直方体は頂点の数が16個，辺の数が32本，面の数が24枚そして8個の直方体からできている．a, b, c, d が互いに直交していない場合も同様で，この場合の超平行6面体の頂点 V，辺 E，面 F，平行6面体の個数 C も超直方体の場合と同じである．これらの個数の間には $V-E+F-C=0$ というオイラー・ポアンカレの定理が成り立っている．
4次元の繰り返し模様の対称性(4次元空間群)はブラウンらによって導かれた．同時にブラベ格子は74種あり，そのうち10組は対掌体(左右像)の関係にあることがわかった．これらを区別しなければブラベ格子は64種となる．あとで述べるように4次元の対掌体は点群などにもある．3次元までの点群およびブラベ格子にはこのようなものはなく，4次元にな

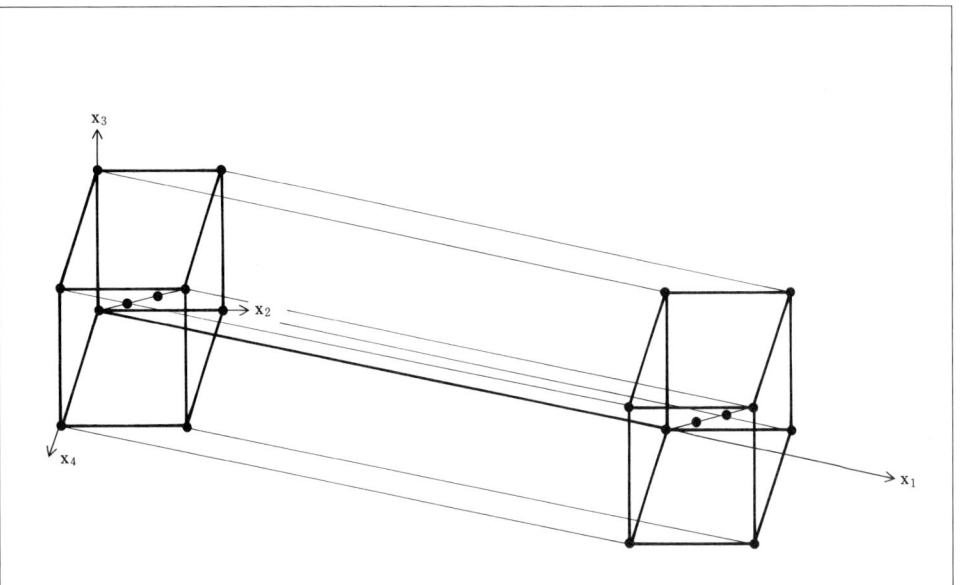

7. 4次元のブラベ格子

●図 7.4
格子型 $R(2,3,4)$. $N=3$. これは菱面体単斜晶系, 菱面体直方晶系に現れる.

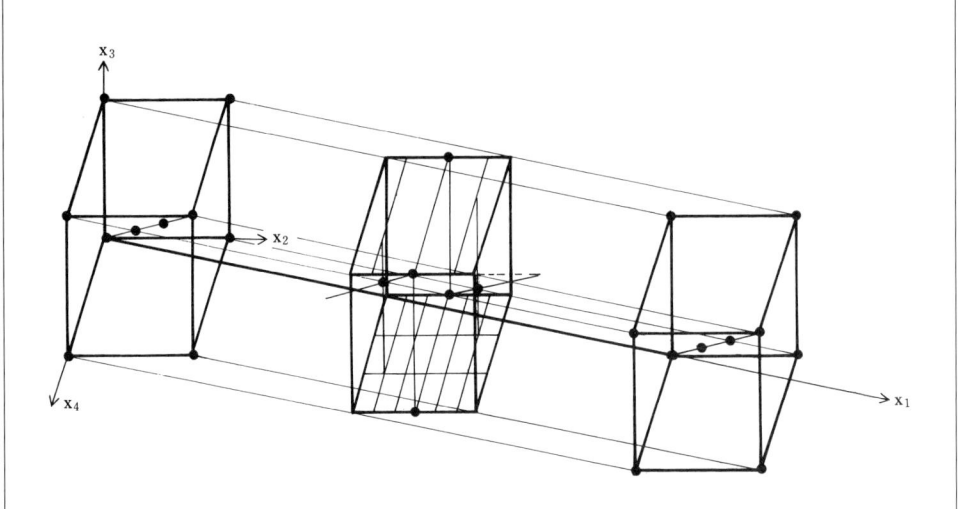

●図 7.5
格子型 $RS(1,2)(2,3,4)$. $N=6$. これは菱面体直方晶系に現れる.

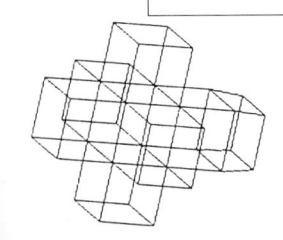

って初めて起こることである．ただし3次元の空間群では11組の空間群が対掌体の関係にありこれは右回りの螺旋軸とそれに対応する左回りの螺旋軸を持つ空間群をさす．低次元では対掌体関係の空間群はない．

7.5 ●ブラベ格子型

1次元には単純格子pのみがあり，2次元には5種類のブラベ格子があることは前に述べたが，そのうち4種類が単純格子p，1種類が底心格子cである．3次元の14種のブラベ格子は，単純格子P以外に複合格子として底心格子C（あるいはA），体心格子I，面心格子Fがある．特殊な菱面体格子RはPの特殊なもので，六方格子で3個の格子点を持つものとして表現することもできる（図7.2）．

結晶群は族，結晶系，晶族（点群），空間群で分類することができる．最初の方があらい分類で，あとになるほど細かな分類となっている．これはちょうど生物を動物と植物に分け，さらに動物は哺乳類とは虫類などに分け，おのおのをまた細分するのに似ている．2次元では4族，4晶系，10点群，17空間群（平面群），3次元では6族，7晶系，32点群，219(230)空間群が存在し，それに対して4次元では23(29)族，33(40)晶系，227(271)点群，4783(4895)空間群が導かれている．（ ）で表したのは対掌体（左右像）関係にあるものを別種として数えたものである．

図7.3に直方族の格子型を示した．直方晶系の8種とKU（後述）中心系の一種の格子型で，前者はマッカイ，ポーリーやベロフ，クンチェビッチによって導かれたものである．単純格子P以外は複合格子で，前者は単純格子の単位胞に格子点の席対称を変えないように格子点を加えて得られたものである．加えられる格子点は直交した2辺を持つ面の中心か，直交した3軸を持つ直方体の面心と体心，および四つの軸でできる超直方体（8胞体）の体心にあり，3次元の場合からの類推で理解できる．しかし，後年これだけでは不十分なことがわかり，ヴォンドラチェックらによって改定されてKU中心格子が付け加えられた．

複合格子の記号はドイツ語の略語が用いられている．必要な場合は単位胞中の格子点のある面を指定して表す．$S(3,4)$は3番目と4番目の基底ベクトルを含む面の中心に格子点が付け加わった底心格子，Nは単位胞中の格子点の数を示している．$D(1,4)(2,3)$は1番目と4番目および2番目と3番目の基底ベクトルを含む面上および8胞体の体心に格子を持つ底心格子である．格子点の座標は$0, 0, 0, 0 ; 1/2, 0, 0, 1/2 ; 0, 1/2, 1/2, 0 ; 1/2, 1/2, 1/2, 1/2$で，$N$は4となる．

I，F，または他晶系に出てくるR格子は，3次元の体心，面心，菱面体格子を意味する．4次元体心格子はZ，全2次元面心はUで表される．$G(1,2)$は$S(1,2)$と2種類の3次元体心$I(2,3,4)$，$I(1,3,4)$が混合した複合格子である．

KUはUと混じった複合格子で格子点の数Nは16である．直方晶系8種の格子型の各格子点における席対称の位数は16，KU晶系の1種の格子型のそれは8で前者の部分群となっている．これは3次元ブラベ格子における六方単純格子Pと三方菱面体格子Rとの関係に似ている．直方族以外で出てくる複合格子の図を図7.4～図7.8に示す．

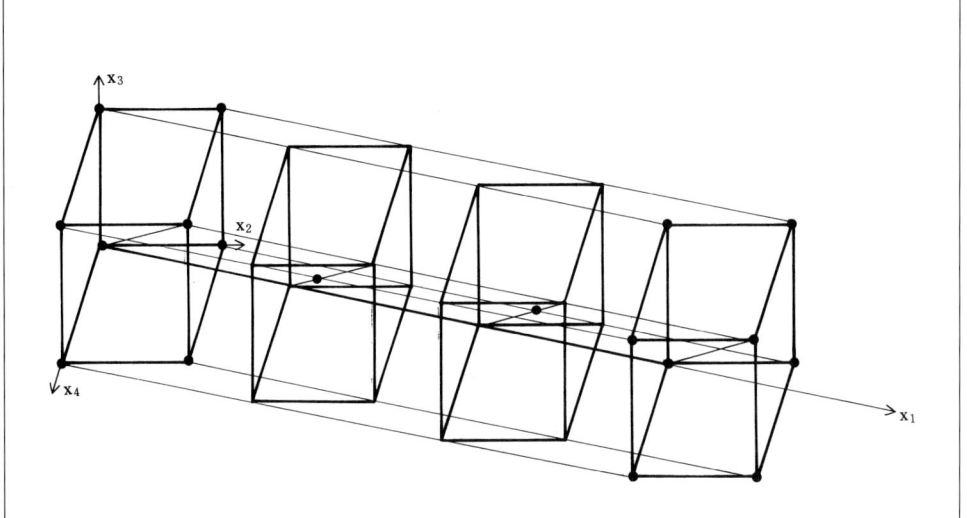

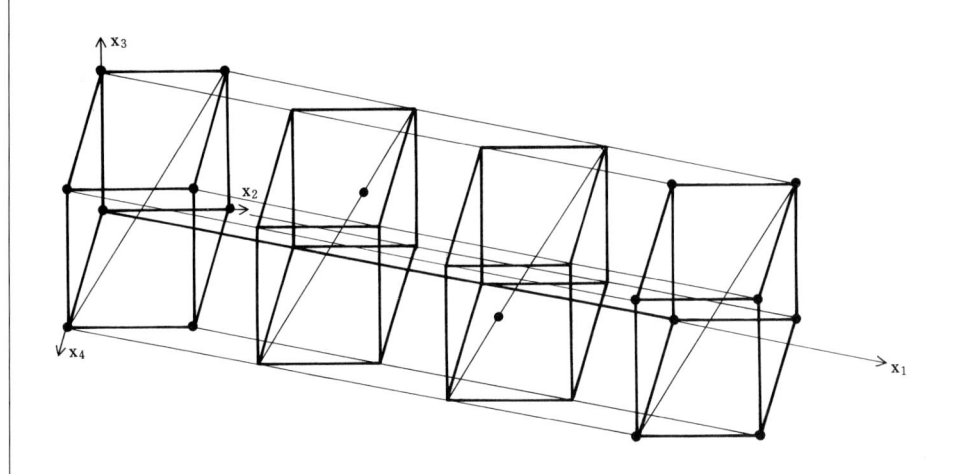

7. 4次元のブラベ格子

●図 7.6
格子型 RR_1 および格子型 RR_2. $N=3$. 前者は双六方単斜晶系, 後者は双六方直方, RR 晶系と双 20 面体直方 RR 晶系に現れる.

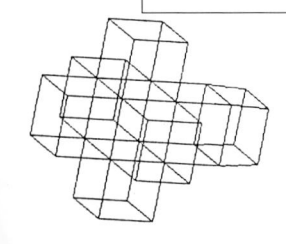

7. 4次元のブラベ格子

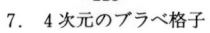

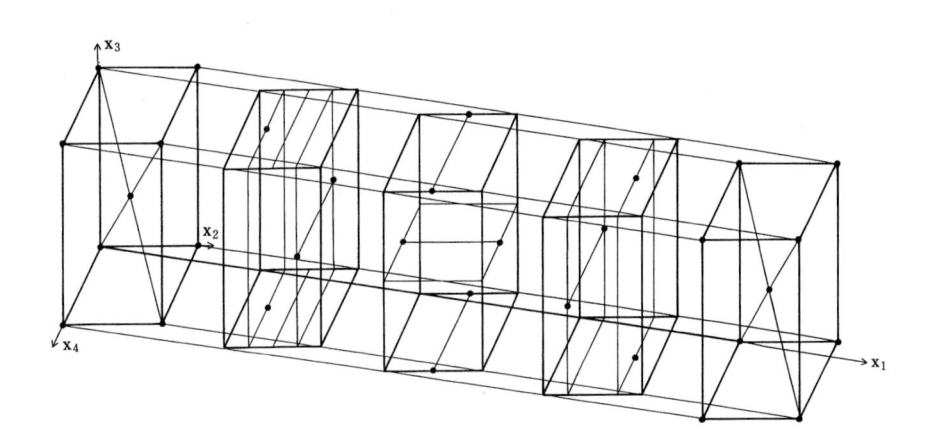

●図 7.7
格子型 $KG(1,2)$, $N=8$. これは正方直方晶系に現れる.

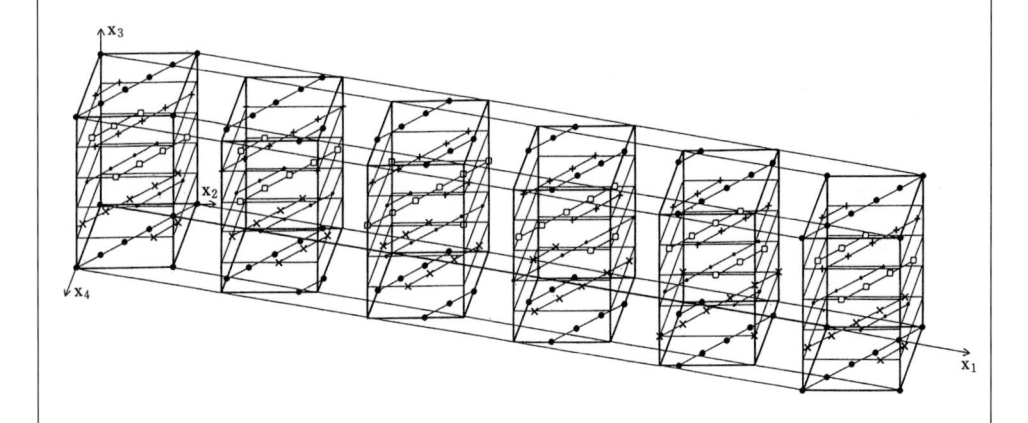

●図 7.8
格子型 SN, $N=125$. これは20面体晶系に現れる.

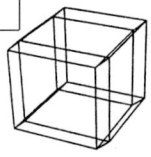

おわりに

ブラベ格子を調べるには単位胞の対称性を考慮する必要があるが，その具体的な方法については省略した．4次元での対称要素には位数 5, 8, 10, 12 などのものもあり，点群もかなり複雑である．4次元空間群は (3+1) 次元的なものは直観的に理解しやすいが，その他の4次元空間群は理解しにくい．

ほんの入門程度にしか書けなかったが，これを機会に結晶，対称，そして高次元の世界に興味を持っていただければ幸いである．詳細については文献を参照してほしい．

図をかいていただいた中村健二氏に深謝する．

参考文献

1) N. V. Belov and T. S. Kuntsevich: *Acta Cryst.*, **A25**, S 3, 1969.
2) R. Bülow, J. Neubüser and H. Wondratschek: *Acta Cryst.*, **A27**, 520, 1971.
3) A. L. Mackay and G. S. Powley: *Acta Cryst.*, **16**, 11, 1963.
4) J. Neubüser, H. Wondratschek and R. Bülow: *Acta Cryst.*, **A27**, 517, 1971.
5) H. Wondratschek, R. Bülow, and J. Neubüser: *Acta Cryst.*, **A27**, 523, 1971.
6) H. Brown, R. Bülow, J. Neubüser, H. Wondratschek, and H. Zassenhans: Crystallographic Groups of Four-Dimensional Space. A Wiley-Interscience Publication, John Wiley & Sons, 1978.
7) Theo Hahn: International Tables for Crystallography, A. D. Reidel Publishing Company, 1983.
8) 松本崧生：4次元の結晶学．鉱物学雑誌，**13**, 247, 1977.
9) 小川智哉他編：結晶評価技術ハンドブック，朝倉書店，1993.

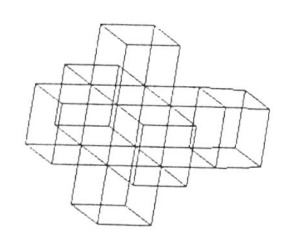

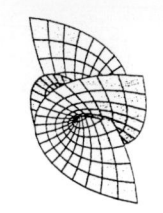

4次元の海

酒井　敏

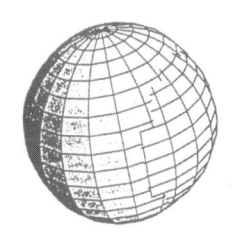

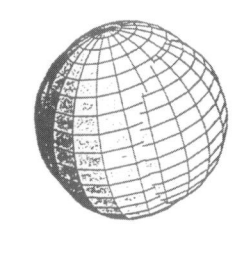

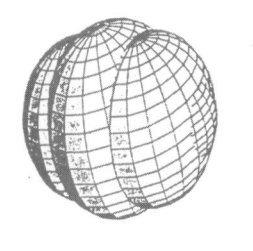

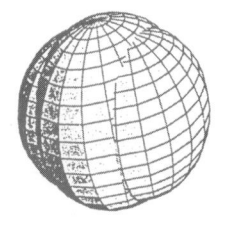

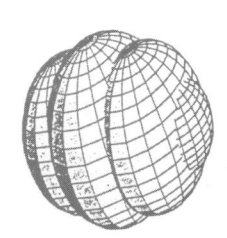

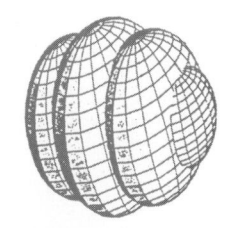

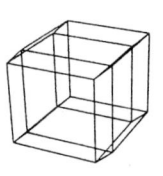

❽

8. 4次元の海

8.1 ● 2次元の壁

海は3次元の広がりを持っている．決してそれ以上の広がりを持っているわけではない．しかし，ある場所での海水の状態は温度，塩分，圧力に依存するので，すべての場所における海水の状態をあますところなく表示しようとすると6次元空間が必要になる．これに対して，人間はふつう3次元の空間しか認知できないし，この本のように紙の上で何かを表そうとすると2次元空間しか使えない．したがって海の温度や塩分濃度など，ごくあたり前の量の空間分布を素直に表現しようと思うと，とたんに壁にぶちあたってしまう．別に，難しい議論をするつもりもなく，単純にデータを表示したいだけなのだが，我々の世界にはどうも「2次元の壁」があって，なかなかそれを越えることができないのである．

もっとも，3次元以上の空間を表現する手段が全くないわけでもない．立体視メガネやホログラフィなどがそうである．しかし特殊な装置が必要だったりして，お金持ちはともかく，ふつうの人が気軽に使えるものではない．海の温度など，ごくあたり前の量を表示したいだけなので，あまり大げさなことはせず，できるだけサラッと表示したい．しかもデータ量は結構多いので，機械的な操作で表示できることが条件である．茶谷正洋の折り紙建築などのように見かけはふつうの本でも，本を開けると3次元的な物体が飛び出してくるような仕掛けも可能ではあるが，これを使って機械的なデータ表示をしようと思うと，ちょっと気が遠くなる．

最近はやったランダムドットによる立体視などは，コンピュータを使えば比較的簡単に3次元図形を2次元平面上に表現することが可能である．これは「安上がりで機械的に表示できる」という見地からすると，理想に近い表現方法のようにみえる．しかし，この方法は見える人と見えない人の個人差がかなりある．私も若干の修行により何とか立体視できるようにはなったものの，立体視に慣れてくると身のまわりのすべてのランダムパターンに対して目が自然に立体視を試みるようになり，焦点が定まらなくなってしまった．階段の表面が小さな玉石を敷き詰めたような模様になっていたりすると最悪である．結局，身の危険を感じてランダムドットの修行は中止してしまった．

じつは，こんな苦労をしなくても3次元情報を2次元空間に表現する方法はある．地図の等高線や，天気図の等圧線がそうである．この方法では「迫力」や「臨場感」には欠けるものの，客観的で機械的な表示が可能である．結局，本当に難しいのは4次元以上の表示である．

というわけで，**4次元以上の空間を2次元平面に押し込める**，ことがこの章のテーマである．

8.2 ● ぜいたくな悩み

情報が多次元の性質を持つのは何も海に限ったことではない．しかし，海洋学を含む地球科学は近年の情報化に伴い，そのようなデータを表示する必要性が急激に高まってしまっ

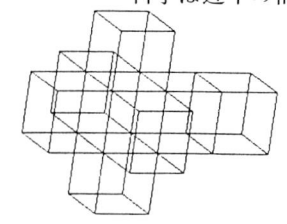

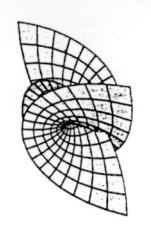

た典型的な例である．

地球科学はもともと「探検的科学」の色彩が強く，**からだを張って情報を集めてくる**，つまり観測をしてデータを集めることが何よりもたいせつな仕事の一つであった．そのようにして集められた情報（データ）は貴重なものであるから，注意深く「骨までしゃぶる」ような解析をするのがデータに対する礼儀というもので，実際そのようなスタイルで研究がなされてきたのである．

しかし，近年の観測の機械化とコンピュータネットワークの普及は，このような状況を一変させてしまった．毎日大量のデータが観測機器から吐き出され，それがコンピュータネットワークを通じて世界中を駆け巡る．以前なら，自分で観測をしない限り実際のデータにふれることすら難しかったものが，コンピュータの前に座っているだけでどんどん入ってくるようになってしまった．

実際，観測を専門としない私のような人間でも比較的容易にギガバイト（10^6 バイト）単位のデータを収集することができる．ギガバイトといえば，文字情報（本）に換算して数千冊分の情報量にあたる．これはもう革命である．こうなると，もはや「骨までしゃぶる」どころか「なめてみる」ことさえたいへんである．

もちろん，これは観測しなくてもすむようになったという意味ではない．誰かが観測しなければデータは得られないし，どんなデータでも容易に手に入るわけでもない．とくに興味もないデータはいとも簡単に，しかも大量に手に入るのに，必要なデータのうち一番だいじなデータが手に入らなかったりする．

とはいうものの，これまで欲しくても手に入らなかったデータが簡単に手に入るようになったのは事実で，それ自体はじつに喜ばしい限りである．ただ，その量があまりに多いために，とまどってしまうのである．データをご馳走にたとえれば，とても食べ切れそうにないたくさんのご馳走を目の前にして呆然としているようなものである．もちろん，すべてを食べる必要はないが，これまで食べたかったものを目の前にして，ただヨダレを垂らして見ているのはあまりに悔しい．かといって全部食べれば消化不良を起こしてしまう．ぜいたくな悩みではあるが，何か消化を助ける消化剤のようなものがあれば，もっと幸せである．

8.3 ●色の多次元性

最近のコンピュータの進歩は，地球科学に情報革命を起こしただけでなく，この世界をずいぶんカラフルにした．これまで，白黒の等高線図で表していたようなものに，色をつけて表示することも比較的簡単にできるようになった．確かに白黒の図を使う場合に比べて，温度の低い所は青色，温度の高い所は赤色といった具合に，色をつけると見栄えがよい．

しかし，よく考えてみると，これはじつにもったいない色の使い方ではないだろうか．たとえばコンピュータのブラウン管に色を表示するには，R（赤），G（緑），B（青）の3原色の強さを，それぞれ指定するわけで，色自体が3次元情報を持っている．コンピュータの側からすれば，色を表示するためには白黒に比べて3倍の情報を扱わねばならず，それなり

8．4次元の海

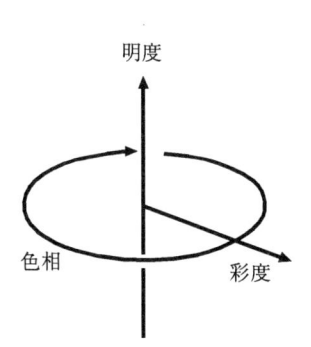

●図 8.1
明度，色相，彩度の模式図

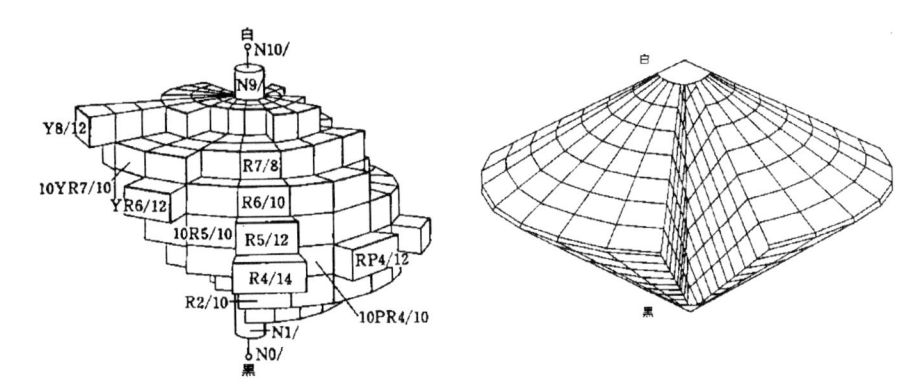

●図 8.2
マンセル表色系(左)とオストワルト表色系(右)

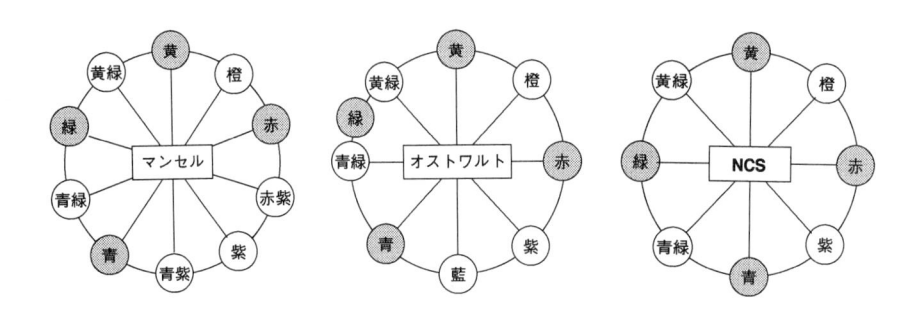

●図 8.3
各表色系の色彩の配列

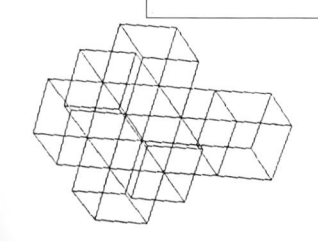

にたいへんな仕事である．実際，カラーを使ったプログラムというのはかなり重い．それだけ(コンピュータの)労力を使っているのだから，それなりの効果を期待したくなるのが人情というものである．

そこで，色自体が3次元情報を持っていることに注目すれば，原理的には**2次元の図に5次元の情報を表示できる**はずである．つまり，三つの量の2次元空間分布を表示するには，等高線図を3枚描かなければならなかったのが，色の3次元性を使えば1枚の図におさめることができる．

もちろん，全く無関係のもの三つを1枚の図に詰め込んでみても意味はないかもしれない．しかし，海水の温度と塩分のように，それぞれは独立したメカニズムで値が決まる独立変数で，なおかつ，どちらも密度を決める重要な変数であるような場合，これらが1枚の図に表現できるメリットは非常に大きい．

問題は人間がその情報を簡単に読み取ることができるか，ということである．たとえば，三つの量を赤(R)，緑(G)，青(B)の各色に割り当てたとして，ピンク色をR：100%，G：75%，B：80%と分解できる人が何人いるであろうか．もしかすると，これはランダムドットの立体視より難しいワザかもしれない．とにかく，RGBの各成分を直観的に分離することは非常に困難である．3次元情報を1点の色に押し込めたとしても，それが最終的に分離できなければ意味がないのだから，このようなことを企てるとすれば，色についてある程度勉強しておく必要がありそうだ．

8.4 ●色彩学入門

色というのは，身のまわりにごく自然にあって，ふだんはとくに意識もしないが，よく考えてみるとじつに面妖な存在である．物理的にいえば光の色はそのスペクトル分布で決まるわけであるが，そのスペクトルを正確に記述しようと思えば非常に多くの(正確には無限の)情報がいる．ところが人間は光の色をR(赤)，G(緑)，B(青)の三つの情報だけで認識している．つまり，人間は無限次元の情報を何らかの方法で3次元に投影していることになる．その投影の仕方はかなり複雑で，それだけで「色彩学」という学問分野ができてしまうほど奥が深いらしい．

というわけで，色彩学のにわか勉強を始めることになった．ここで，私がガク然とさせられたことは，**色は物理学ではなく，生理学，心理学の世界にある**という事実である．つまり，色は最終的に人間の脳が光をどのように認知するかということで決まるのであって，物理的な光のスペクトル分布だけで決まるものではない．物理的に光の性質だけを考えていても，色の世界は理解できないのである．

色が物理学の手が届かない領域にあるため，これを記述する言葉はかなりファジーである．色を表す概念的な言葉としては，明度，彩度，色相の三つがよく使われる．明度は文字通り明るさ，彩度は色の鮮やかさ，色相は赤色や黄色といった色の種類である．図8.1にその模式図を示す．これで三つの独立した情報が記述できるので，原理的には3次元的な色の記述が可能になる．しかし，具体的にこれら三つの量を定義し色を一意的に記述する仕

8. 4次元の海

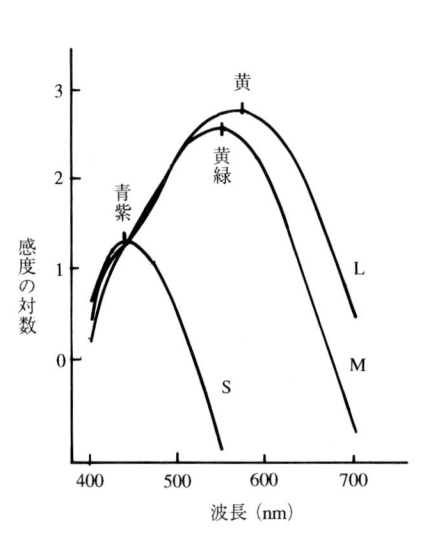

●図 8.4
各錐体の感度(文献 1)

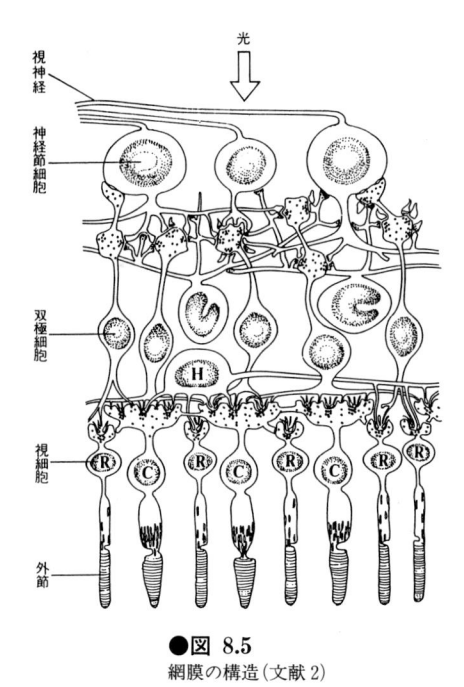

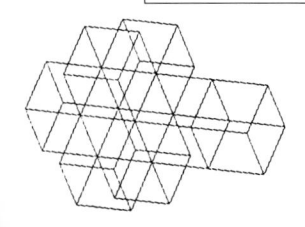

●図 8.5
網膜の構造(文献 2)

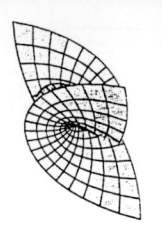

方にはいろいろな流儀があり，それぞれ一長一短がある．

よく美術の教室などで見かけるマンセル表色系は，画家のマンセルが定義したもので，色の違い，すなわち「色差」ができるだけ均等になるように配列されている．明度に関しても実際に感じる明るさに忠実に配列されているため，最も鮮やかな黄色は明度が高く，逆に同じように鮮やかでも青の明度は低いというように，表色系(色立体)がいびつな形をしている(図8.2左)．また，化学者のオストワルトによるオストワルト表色系はオストワルトが老後の楽しみにつくった表色系で，比較的物理的な「補色」(赤と青緑のように互いに補色な二つの色の光は混ぜると白色光となる)の概念に基づいて構成されている．つまり丸い色相環というのが重なっていて，その色相環の反対側の位置には必ず補色が配置されている．明度については「黒み」と「白み」によって統一化されていて，表色系は幾何学的な形をしている(図8.2右)．このように，色に対する考え方の違いによって，いろいろな表色系があるが，もう一つ心理学的な考え方に基づいたNCS(Natural Color System)表色系というものがある．これは，この章の企てに重要な意味を持っているので，少し詳しく説明しよう．

● a ● NCS 表色系

NCS表色系は北欧で生まれた表色系で**赤，緑，青，黄の四つのユニーク色**を色相環上で等間隔に並べてある．色立体の形状はオストワルト表色系と同様である．図8.3にマンセル，オストワルト，NCSの各表色系の色相環上の色彩配列を示す．赤，緑，青，黄の配列の違いがよくわかる．このNCS表色系の四つのユニーク色は「混ざり気のない純粋な色」として他の色とは区別される特別な色である．たとえばオレンジ色は赤と黄色が「混ざった色」と認識することができるが，赤は二つの色が混ざっているようには感じられない．そのような「純粋な色」をユニーク色とよぶ．

さらに四つのユニーク色は，赤と緑，青と黄の二対のペアを構成し，それぞれのペアの2色は**お互いに「排除」し合う反対色**の関係にある．「色を排除する」という概念はちょっとわかりにくいが，たとえば赤色に緑色の光を少し加えたときに「緑色が加わった」とは認識されずに，「赤色が減った」というように認識される関係をさす．つまり，赤と緑が「混ざっていること」を認識できない．このような関係にある色どうしを反対色という．

補色と反対色はよく似た概念であるが，これらの最大の違いは，どんな色に対しても補色が存在するのに対し，反対色という言葉は赤と緑，青と黄のユニーク色どうしのペアに対してしか使われない．

さて，このあたりで多くの読者(とくに理科系の人)は，かなり頭が混乱してきたのではないかと思う．私自身，初めてこのような説明を読んだとき，とてもとまどった．そもそも**「混ざり気のない色」なんてどうやって定義するんだ**と思わずにはいられなかった．しかし，私と同じように思った人は，この節の最初の教訓を思い出してほしい．そんな色を物理的に定義しようとしても不可能である．しかし，心理学的に「混ざり気がないと思う色を選んで下さい」と多くの人に試してもらうと，それなりに一般的傾向が出てくるらしい．

そこまで納得したとしても，さらに**緑は青と黄色を混ぜた色ではないの？**　という疑問が出

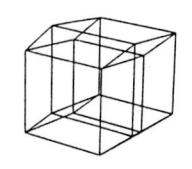

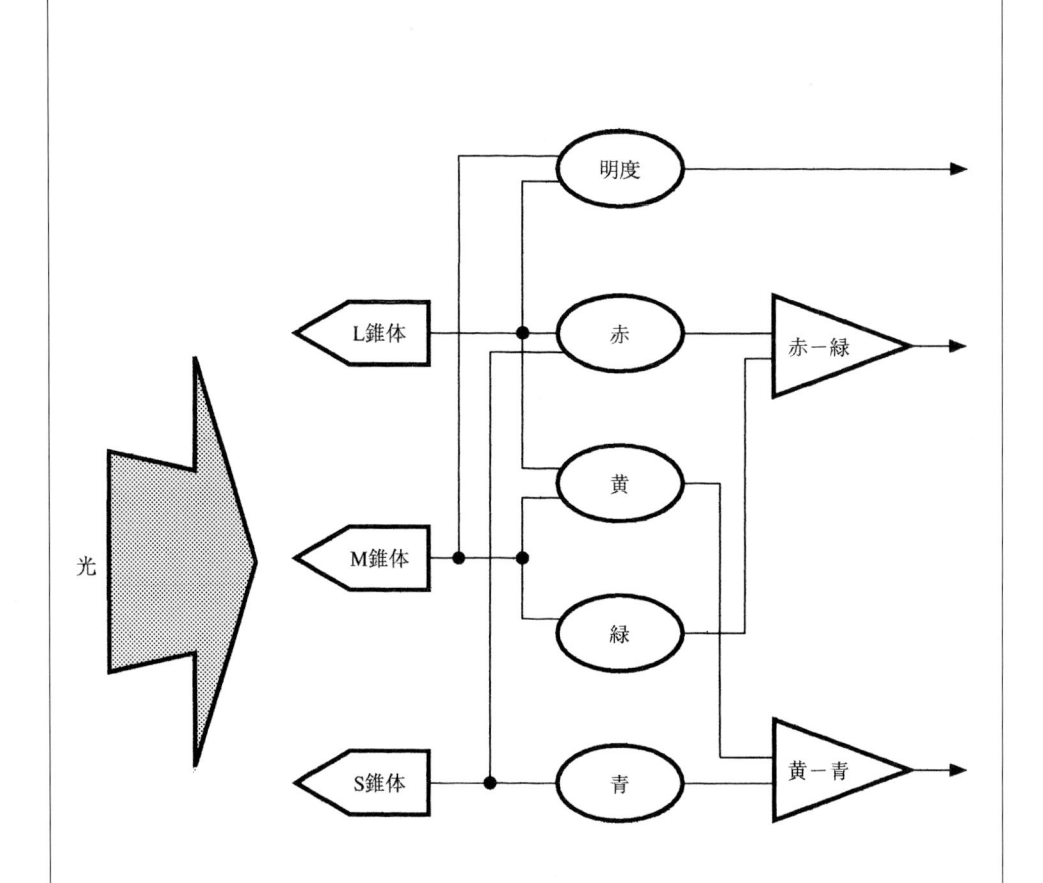

●図 8.6
網膜の演算回路モデル（文献2をもとに作図）

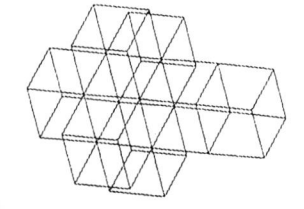

てくる．実際，経験によれば青色と黄色の絵の具を混ぜれば緑色になる．そんなことは小学生でも知っているではないか．

しかし，これにはまず言葉の誤解があった．「混ざり気のない色」といったとき，混ざるのは光であるが，私の疑問で混ぜるのは絵の具である．絵の具は光を吸収することで色を出すので，「混ぜる」という言葉の意味が違う．「緑色がユニーク色である」というのは，緑色の中に黄色の光も青色の光も感じることができないということである．

それでも緑色の中に青色と黄色を感じてしまうとしたら，次のように考えることもできる．色の認識は脳の中でかなり高度なフィルター処理がなされており，先天的な知覚能力が素直に認識されない場合もある．つまり，これは人間が後天的に獲得した知識，すなわち，絵の具を混ぜるという経験によって得た知識によって「混じっている」と認知している．そう思って，子どもの玩具をよく見ると，この赤青緑黄の組み合せになっているものが多い．実際，LegoやDuploのようなブロック玩具では，この四つのユニーク色が基本になっている．後天的知識の少ない子供にとって，これらの色が最も認知しやすい色であるとすれば，やはり緑色というのも「ユニーク」なのかも知れない

●b●色を見る仕組み

人間の網膜には3色のセンサー（錐体）がある．三つあるから人間の色彩感覚は3次元的なのである．しかし，三つのセンサーはじつに不平等にできているらしい．図8.4は三つの錐体の感度分布である．図の中のL, M, Sという記号はそれぞれ長波長，中波長，短波長の光を感じる錐体を表している．昔，どこかで赤錐体，緑錐体，青錐体という言葉を習ったような気がするが，最近ではそのような用語はあまり使わないらしい．

この図を見てまず驚くことは，それぞれの錐体の最大感度はいわゆる光の3原色（赤，緑，青）に対応していないことである．最大感度となる色は，それぞれ黄，黄緑，青紫である．だから，L, M, Sという記号で錐体を表し，赤緑青という具体的な色の名前を使わない．私はテレビなどのRGBの色は目の錐体の特性に合わせて決めてあると信じて疑わなかったのであるが，これは全くの誤解であった．しかも，LとMの特性の違いはごくわずかで，最大感度の波長差は$20\,\mathrm{nm}$（$1\,\mathrm{nm}$は$10^{-9}\,\mathrm{m}$）程度しかない．さらに，Sの感度は縦軸の対数目盛でわかるように他の錐体に比べて2桁も低い．こんなアンバランスなセンサーで，よく我々の目は色をちゃんと認識しているものだと感心してしまう．

この図を見ると，なるほどと思い当たることが一つある．それはパソコンに色つきの文字や線を書いたとき，黒地に緑や赤ならはっきり見えるのに，青を使うとほとんど見えないということである．青の光が見にくいということは，パソコンは弱い青の光しか出せないのかというとそうではなく，出ている強さの青と緑，赤を同時に発色させれば，ちゃんと白になる．すなわち，青はちゃんと赤や緑と同じ強さで光っているのである．この不可解な謎は，図8.4を見ればすぐに解ける．青の光が弱いのではなく，人間の目の錐体が青に弱いのである．

さて，このアンバランスなセンサーを使って，我々はどうやって光の色を認識しているのかというと，何と**網膜内で演算が行われている**らしい．これは網膜の構造（図8.5）を見ると

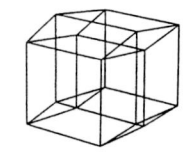

8. 4次元の海

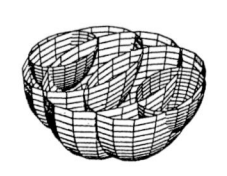

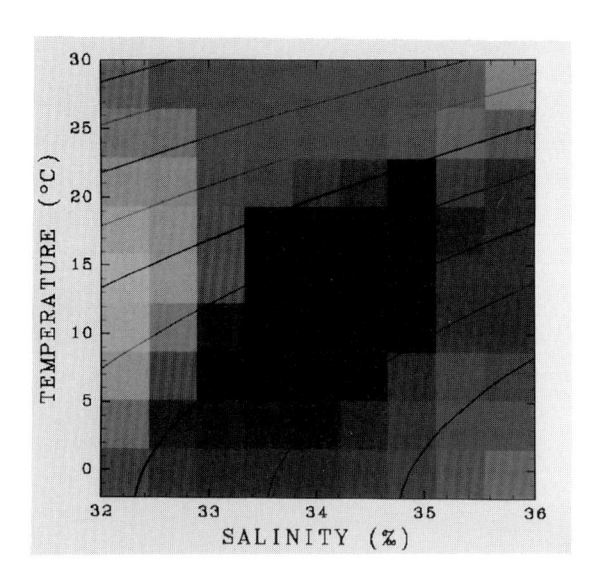

●図 8.7(口絵 3)
温度塩分平面の色

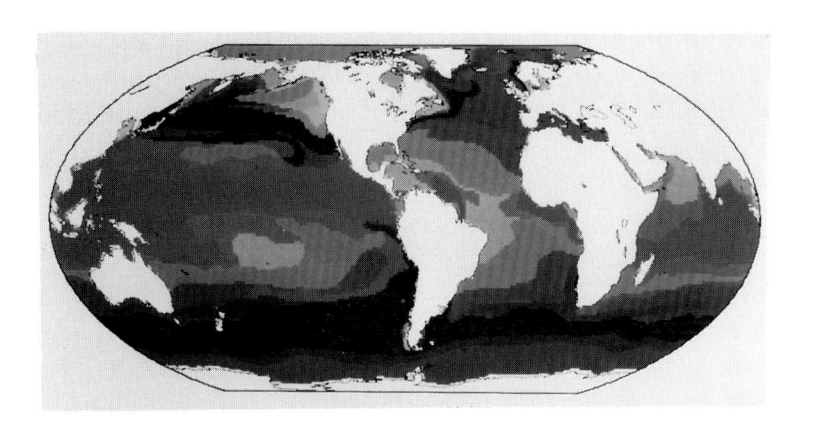

●図 8.8(口絵 4)
海面での温度と塩分

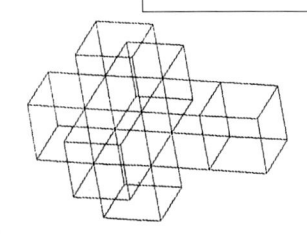

よくわかる．実際に光を感じる錐体の信号が視神経に伝わるまでに，いくつかの細胞組織を通過しなければならない構造になっている．しかも，そこには横に伸びる神経細胞があるではないか．つまり，各錐体からの信号の演算を行っていると思われる細胞が明らかに存在するのである．

この網膜内での演算を図式化すると図8.6のようになる．まず，明度の信号はL, M錐体の情報だけを使ってつくられる．S錐体は他の錐体に比べて非常に感度が低いので，明るさの情報には寄与しない．

色の信号は三つの錐体の情報を演算することで，いったん赤，黄，緑，青の四つの色信号に変換される．これがさらに，赤と緑，黄と青が引き算されて，最終的に大脳に送られる色信号は二つになる．

ここまでくると，先程までじつに面妖でわけのわからなかった色彩学の世界が，一気に見通しよくなってきたような気がする．とくに光の物理的性質と3原色の原理だけを考えていたのでは到底理解できそうにないユニーク色，反対色というような心理学的概念が生理学的にも根拠のある概念であることがよく理解できる．それとともに，これらの概念に立脚しているため理解しにくかったNCS表色系が，じつに合理的な表色系であるように思えてくる．

8.5 ●多次元表示の作戦会議

さて，にわか勉強ながら，色の知覚に関する基本知識はある程度そろった．いよいよ，色を使った多次元表示の作戦を立てることにしよう．

まず，原理的には一つの色で明度，彩度，色相の三つの量を表示することが可能なのであるが，これはちょっと無謀な気がする．たとえば，物理的には明度と色相は独立した量であるが，人間の目は明度をすべての色にわたって公平に評価することができない．物理的には同じ明るさでも，青は暗く，黄色は明るく感じてしまうので，色と明るさは独立ではなくなってしまう．

そこで，無理をして1点の色に3次元情報を押し込めることは避け，

  作戦1：1点の色で2次元情報を表示する

ことにしよう．それでも，空間2次元＋色2次元で合計4次元の表示ができるわけだから，上等である．

残る問題は，色の2次元をどのようにとるかということである．色の方は図8.1のように極座標のような形状をしているが，表示したいのは極座標で表されるような量ではなくて，普通の直角座標系の座標値であることが多い．そうなると，図8.3でもわかるようにNCS表色系がぜん有利になってくる．四つのユニーク色をX-Y座標軸の正負の方向に持ってくれば，心理学的にX-Y座標が直交することになるし，正と負の方向が反対色となって負の量を表すのにも都合がよい．

最初は何となく怪しげな体系だと思ったNCS表色系であるが，前述のように生理学的な裏づけもありそうだし，何よりも，NCSが心理学的事実に基礎をおいている点がうれしい．

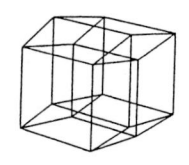

なぜならば，我々は色を計りたいのではなく，何かの量を色で表現したいのであり，最終的に我々の大脳にどのように知覚されるかということが問題だからである．そこで，色の座標系のとり方は

作戦2：（緑-赤），（青-黄）座標を直交座標軸として採用する

ということにする．

これで，理論的な方針はほぼ固まったが，もう一つ現実問題として誤差に関する方針を決めておかなければならない．つまり，NCS表色系は心理学的に決められているので，どの色をユニーク色，すなわち座標軸上の色とするかということは個人差がある．さらに，もっと現実的な問題として我々が使うことのできるカラーデバイス，たとえばコンピュータのディスプレイやカラープリンターなどは，機種によってそれぞれ特性がかなり異なり，微妙な色合いまで調整するのは困難である．したがって，すべての人にとって最適な色合いをすべてのデバイスで実現するのはほとんど不可能ではないかと思われる．

これはけっこう深刻な問題だと思うが，この問題にあまり深入りすると泥沼にはまりそうである．そこで，色に関する知覚の最後の段階で，大脳が相当高度なフィルタリングを行っているらしいということを最大限に利用し，

作戦3：細かな補正は大脳で行う

ことにする．つまり，カラープリンターで出力した緑が，ある人にとって厳密にユニーク色である確率は限りなく0に近いが，「この緑をユニーク緑だと思いなさい」と大脳に命令することにするわけである．要するに「細かいことには目をつぶる」わけで，ずいぶん荒っぽい作戦ではあるが，このくらいファジーな作戦にしておかないと，現実問題として実行不可能である．

もっと極端なことをいえば，人間の脳はじつに柔軟にできているので，どんな色を持ってきても「これをユニーク色だと思え」といえば，訓練によってそのように知覚できるようになるのかもしれない．実際，私が最初「緑はユニーク色ではない」と思ったのが，プリミティブな色刺激に忠実な反応ではなく経験に基づくものであるとするならば，その逆，すなわち「混じった色」をユニーク色であると認識することだって可能ではないかと思えてくる．

しかし，人間の生理に反する修行を積むことはできるだけ避けたい．要はランダムドットの立体視より簡単ならばOKである．

8.6 ●海洋の4次元表示

作戦は決まった．早速，海の表面の温度と塩分を世界地図に表示することを考えてみよう．温度と塩分を色で表示するためには，まず，それぞれの座標軸を表す色を決めなければならない．これは任意に決めることが可能であるが，できるだけ人間の感性に逆らわないように，赤-緑を温度に割り当てて，赤を高温，緑を低温ということにしよう．塩分には残りの色をあて，黄色が低塩分，青が高塩分ということにする．温度と違って塩分の高低に直観的に対応する色というのはないが，青を高塩分側に割り当てると，冷たくて高塩分の「重

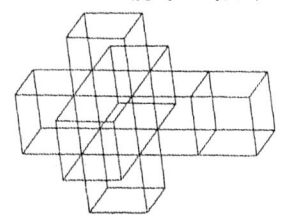

8. 4次元の海

い」水が比較的暗い青緑色になり，暖かくて低塩分の「軽い」水が比較的明るいオレンジ色になるので，密度のイメージから塩分の色の配置を決めた．

そのようにして決めた色で，温度-塩分濃度平面を塗り分けてみると図8.7(口絵2)のようになる．原点の位置(黒色の位置)は平均的な海水の温度と塩分であると思えばよい．図の中の黒い線は等密度線で，右下が重くて左上が軽い．この色の配置をよく覚えておいてほしい．紫色が高温高塩分の水で，黄緑色が低温低塩分，オレンジが高温低塩分で最も軽く，水色(シアン)が低温高塩分で最も重い．

この図で決められた色を使って，世界の海の表面の温度と塩分(年平均値)を表示したのが図8.8(口絵3)である．この図から温度と塩分が同時に読みとれるであろうか．まず，赤道が赤っぽく両極が緑っぽくなっていること，すなわち赤道では温度が高く，極では温度が低いということは簡単に読みとれる．赤道の温度が南極より高いことくらいは，この図を見なくても誰でも知っているが，塩分はどうだろう．塩分の軸は(黄-青)である．太平洋と大西洋を比べてみると大西洋の方が青みがかっていることがわかる．理由はよくわからないが，現実の大西洋は太平洋よりもかなり塩分濃度が高い．この事実もちゃんとこの図から読みとれる．

さて，もう少し細かく見てみよう．沿岸部で極端に黄色みがかった部分がいくつか見える．赤道域ではボルネオ島周辺からインド洋にかけての海域，南アメリカ大陸のアマゾン川の河口付近などである．赤道域では雨が多く，塩分濃度が比較的低い上に，河川からの淡水流入で沿岸部ではさらに塩分濃度が下がる．このあたりは，世界中の海の表面水のうちで最も軽い水である．もっと北の方でも沿岸部は一般に塩分濃度が低いことがよくわかる．別に意識してそうしたわけではないが，黄海は鮮やかな黄色である．

極域に目を転じて，南極と北極を比べると，北極の方が黄緑色で塩分濃度が低いことがわかる．南極の表面水はかなり重い．それと同じくらい重たい水がグリーンランドとノルウェーの間あたりにもある．じつは，海の水が重くなって深層に沈み込んでいるところは世界に2か所しかない．それが，グリーンランド-ノルウェー海と南極のウェデル海(大西洋の南のつきあたり)である．

これまで温度と塩分の図から密度を読みとるにはかなりの手間がかかったが，この図では色が2次元のインデックスになっているので，色を見ただけでおおよその密度の見当がつく．ただし，色の感覚というのはまわりの部分の色によって大きく左右されてしまうので，正確な値を読みとるのは困難であるが，大雑把な傾向が簡単に読みとれるのはうれしい．もう一つ，色の階調が少ないためにそれぞれの階調の境目がはっきり出てしまっているが，よく見ると，その境目が塩分の等高線か温度の等高線か区別することができる．つまり，温度と塩分の等高線が同時に見えているわけである．これは予期しなかったことであるが，よく考えてみれば当然のことである．この図のように静止した1枚の図を眺めていると，塩分と温度の等高線を区別するのはちょっと難しいかもしれないが，これを映画にして動かしてみると，比較的容易に判別することが可能である．紙面で見ることができないのがまことに残念であるが，1年間の季節変動を映画にして眺めていると温度のパターンと塩分のパターンが重なりながら独立の動きをするのがよくわかってじつにおもしろい．

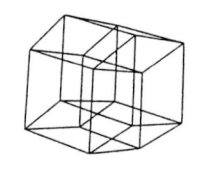

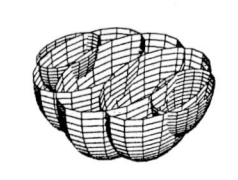

これらの長所に対して，気になる欠点もないわけではない．最も気になるところは，NCSに基づいた色使いを採用すると，赤から青にかけての変化は非常にはっきり認識できるのに対して，黄色から緑にかけての変化が認識しにくいことである．これは，NCS以外の表色系ではできるだけ色の差(色差)が等しくなるように配列してあるのに対し，ユニーク色を等間隔に並べるNCSでは色差がどうしてもゆがんでしまうためである．同じ量の変化が単に色の違いで大きく見えたり小さく見えたりすると，データを観察するという立場からみて誤解を生じる可能性があるので，あまり好ましいことではない．この点はまだ改良の余地がありそうである．

このように問題点がないわけではないが，全体として，色を使って二つの量を同時に表示するこの方法はなかなか使えそうである．とくに，映画にしたときの効果はかなり大きい．

8.7 ●船　出

データの消化剤がほしい，と比較的軽い気持ちで始めた多次元表示法であるが，色彩学という予期せぬ世界に迷い込んでしまった．色の世界というのは物理学と心理学，生理学というかなり離れた学問分野の間に存在するだけでなく，見方によって純粋科学にもなりうるし，応用科学としての適用範囲も非常に広く，魅力的な分野である．色のにわか勉強には少々苦労したが，色のおもしろさが少しでもわかっただけ得をしたような気がする．

これから，この素晴らしい人間の色覚能力を生かして，膨大なデータの海に船出することにしよう．この旅は，地球を観察する楽しみだけでなく，自分自身の色覚を観察する楽しみも加わって，2倍楽しい旅になりそうである．

参 考 文 献
1)　乾　敏郎：脳と視覚―人間からロボットまで―，サイエンス社，1993．
2)　池田光男，芦澤晶子：どうして色は見えるのか，平凡社，1992．
3)　M. ツヴィムファー著，粕谷美代訳：図解色彩学入門―色 光・目・知覚―，美術出版社，1989．
4)　GE企画センター：色彩百科，誠文堂新光社，1993．
5)　応用物理学会光学懇話会：色の性質と技術，朝倉書店，1986．

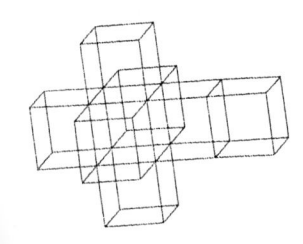

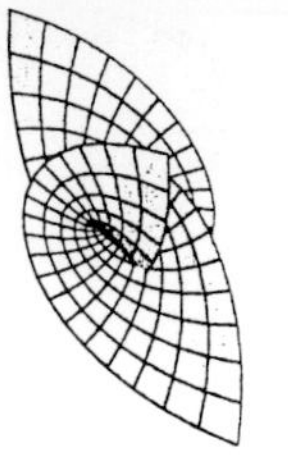

4次元図形の中に住む ⑨
宮崎興二

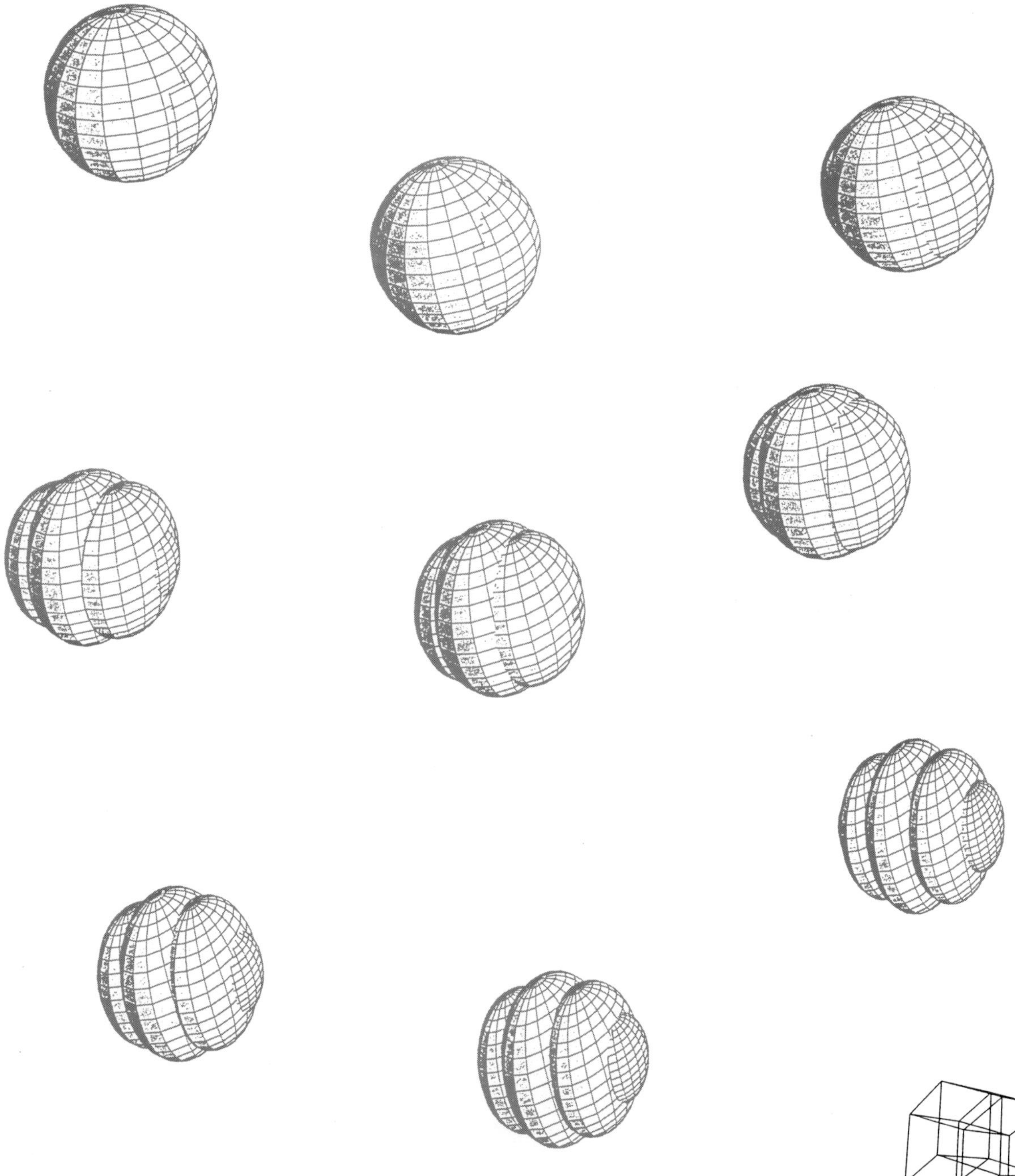

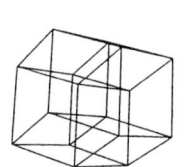

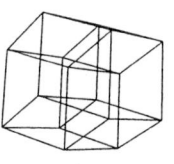

9. 4次元図形の中に住む

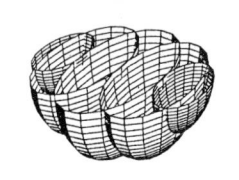

我々は3次元ではなく4次元の空間に住んでいる，という常識が現代人の間に広まっている．ただしその場合の4次元の空間とは，ふつう，3次元の空間にかたちのない時間の流れや精神の働きが加えられたもので具体性はあまりない．しかし，じつは本書の各章でも紹介されているように，結晶構造や細胞組織といった極微の世界から銀河系や宇宙といった極大の世界に至るまで，具体的な4次元のかたちは我々の身のまわりのどこにでも見られるのである．ここではその事実を改めて見直してみたい．

9.1 ● 4次元の風景

0次元，1次元，2次元，3次元の広がりを持ったかたちといえば，それぞれ，点，線，面，立体(3次元空間)という姿で，たいていの人の頭の中にはかなり具体的なイメージが浮かぶ．ところが4次元の広がりというと，とたんにタイムスリップや超能力で脚色されたあやしい世界が現れてかたちがぼやけてしまう．それでは困るので，ここでは点，線，面，立体を次のような流れの中でとらえ，その流れにのって4次元以上の高次元の空間を具体的に眺めてみる．

まず，0次元の広がりを持った1点が現れたとする．宇宙それ自体を初め，すべてはこの1点のビッグバンから始まる．

この点が一つの方向へ動くとその軌跡は1次元の広がりを持った線になり，線の中を突っ走る1次元人のまわりには前と後の2方向の景色が広がる．この線を二つに切るのは点である．

続いて線が別の方向へ動くと，その軌跡は2次元の広がりを持つ面になり，面の中を漂流する2次元人のまわりには前後のほか左と右の合わせて4方向の景色が広がる．この面を二つに切るのは線である．

面が3番目の方向へ動くとその軌跡は3次元の広がりを持つ空間(3次元空間)になり，空間の中を浮遊する3次元人のまわりには前後左右のほか上と下の合わせて6方向の景色が広がる．この空間を二つに切るのは面である．

3次元空間が第4の方向へ動くとその軌跡は4次元の広がりを持つ超空間(4次元空間)になり，この超空間の中をワープする4次元人のまわりには前後左右上下のほか目には見えない別の2方向，たとえば天国の方向と地獄の方向，の合わせて8方向の景色が広がる．この超空間を二つに切るのは3次元空間である．

9.2 ● 胞

1次元の線に直線と曲線があり2次元の面に平面と曲面があるのと同じく3次元の空間には平たい空間(超平面)と曲がった空間(超曲面)がある．

超平面や超曲面はふつう多面体状に切り取られて表現されるが，それをここでは胞という．我々の身のまわりのものは，どんなに薄く細く小さくても，いざとなれば顕微鏡を使ってよく見ればわかるように，すべて何らかの体積を持った透明や不透明の胞でできている．

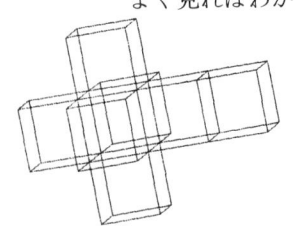

逆に望遠鏡を使ってどんなに大きな範囲を見たところで，個々の惑星や恒星はもちろん，宇宙空間自身も立派な胞であり，こうした胞が側面を共有し合いながらつながって宇宙すべてはできている．

このように現実の世界は非常に4次元図形的にできているが，ここでちょっとふしぎなことがある．たとえば，よく知られているように，3次元空間内では点線面というのは幾何学的な理論上での仮想の図形であって本当はそんなものは存在しない．すべて中身の詰まった立体，つまり超平面や超曲面の部分としての胞，になっていてそれが側面を共有し合いながらつながって宇宙すべてはできている．といって，それなら我々は4次元空間の中で生活しているかというとそうでもない．4次元空間の中では我々の住んでいる3次元空間としての胞さえも理論上の仮想の図形であって実際は存在しないのである．

9.3 ●次元公式

よくいわれるように，2次元の平面上の2本の直線は平行でない限りふつう1点で交わる．同様に3次元空間内では2本の直線は交わらず，1本の直線と1枚の平面は1点で交わり，2枚の平面は1直線で交わる．

これらから類推すると，ふつう，D次元空間において，a次元の広がりを持つ空間とb次元の広がりを持つ空間がc次元の広がりを持つ空間を共有し合いながら交われば，次元公式

$$D = a + b - c$$

が成立する．ただしcが負になるときはaとbは交わらない．たとえば100次元空間では30次元空間と50次元空間は交わらず，50次元空間と80次元空間は30次元空間を共有して交わる．

4次元空間でいうと，1本の直線と1枚の平面は交わらず，2枚の平面は1点で交わり，1本の直線と胞(3次元空間)も1点で交わり，1枚の平面と1個の胞は1本の直線で交わり，2個の胞は1枚の平面で交わる．これから判断すると，たとえば図9.1のようなことになる．左図でいえば平面$ABba$と直方体状の胞は胞の内部にある直線abで交わるのである．右図も同様である．とくに右図には，我々3次元人が直方体状の部屋の中の物体a_pb_pをSから見る状態が具体的に示されている．胞どうしが側面を共有し合いながら連結するという関係も実際に我々の身のまわりのあらゆるかたちのいわば構成原理になっている．

9.4 ●4次元の影

我々3次元人は3次元空間内のかたちを，目の奥の網膜や目の前の紙などといった2次元平面上に写し取った像，つまり投影，によって知る．同じように4次元人は4次元空間内のかたちを3次元空間内への投影によって知るはずである．この場合の投影はふつう3次元の広がりを持っていて，我々3次元人も無理をすればそれから4次元のかたちのだいたいの姿を知ることができる．

9. 4次元図形の中に住む

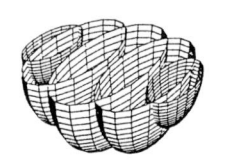

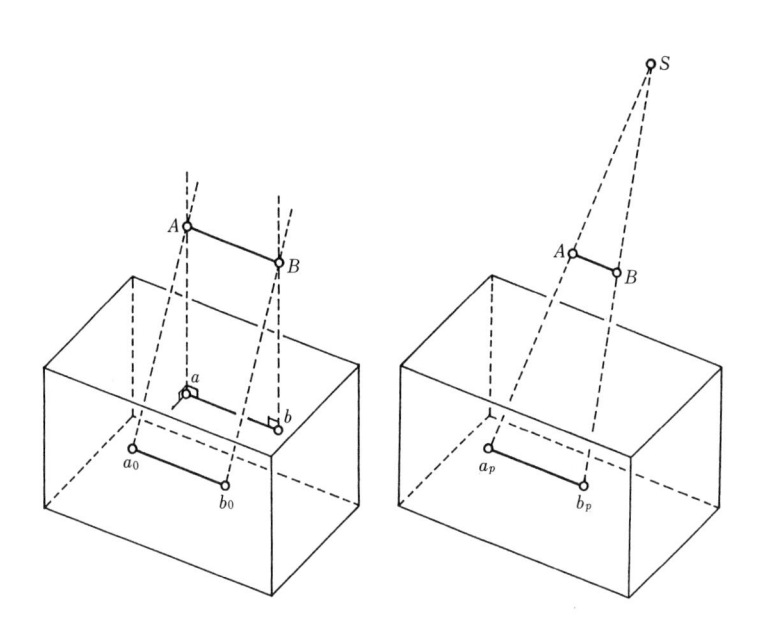

●図 9.1
4次元空間における平行投影(左)と中心投影(右)。ab は直投影,$a_0 b_0$ は斜投影,$a_p b_p$ は中心投影.

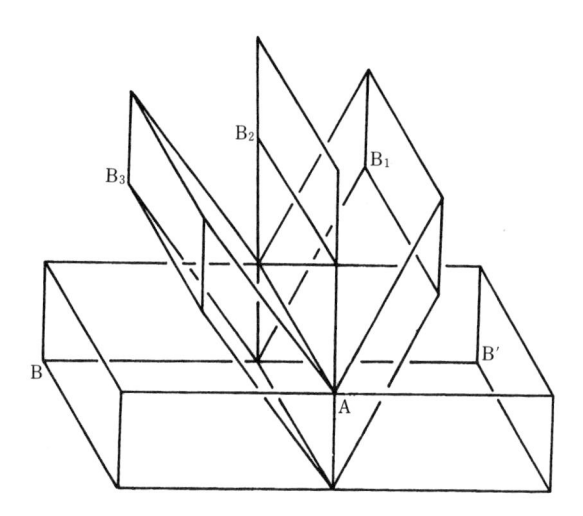

●図 9.2
4次元空間内での回転で重なる直方体 AB とその鏡像 AB'

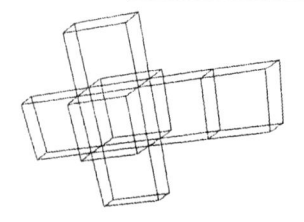

では，投影，言い換えれば影，にはどんなものがあるのだろうか．

3次元空間でまわりを見渡すと，昼は互いに平行な太陽光線でできる影が圧倒的に多い．同じ太陽光線といっても，朝，真昼，夕方と太陽が動くに従って影のようすが違う．大別すると，朝と夕方にできる斜めに長くのびた影と，真昼にできる実物と同じくらいの大きさの影になる．夜になると，ろうそくや電球といった1点から発散する光線による影がふつうとなる．結局，3次元空間では，大きく分けて昼間の太陽光線のような平行光線でできる影（平行投影）と，夜のろうそくの光のような発散光線でできる影（中心投影，透視図）に分けることができる．そのうち平行投影は，画面に垂直な真昼にできる影のような直投影とそれ以外の朝や夕方にできる影のような斜投影に分けられる．

では4次元空間ではどうなるか．残念ながら4次元空間における昼と夜がどんなふうになっているか誰も見たことがないので断言はできないが，話の都合上，3次元空間と同じように考えて図9.1のような平行投影（直投影 ab，斜投影 a_0b_0）と中心投影 a_pb_p があるとする．得られる投影は図に見るような線とは違ってふつう3次元の広がりを持ち3次元人はそれをさらに2次元の平面上に投影した姿によって知る．つまり我々は二重に歪んだ姿で4次元のかたちを見ることになる．

このような影というものは誰でも知っているようにまっ黒であって，そのままではもとのかたちを知ることは難しい．それでふつう投影というときの影は，3次元空間でも4次元空間でも，点と線以外のすべてを透明に表現する．そうでないと説明できないからである．H. G. ウェルズの『透明人間』以来しばしば4次元人は透明人間であるといわれるが，そんなことはない．4次元人はちゃんと不透明なからだを持ち不透明な服を着ている．

9.5 ● 4次元の回転と鏡像

3次元人は，ある一つのかたちの全体像を知るためにそのかたちをいろいろと回転させて観察する．言い方を変えると一つのかたちをあちらこちらから見る．その場合，たとえば3次元人が見る正方形は，長方形に見えたり平行4辺形に見えたり菱形に見えたりしながらだんだん面積が小さくなるように見え，ついには線分となる．しかし決して点には見えない．同じように4次元人が見る3次元の立方体は，直方体に見えたり平行6面体に見えたりしながらだんだん体積が小さくなるように見え，ついには長方形や正方形といった平面となる．しかし決して線分には見えない．

このような回転の原理に基づくと，3次元の右と左が4次元空間内で重なるようすは図9.2のように説明することができる．つまり，直方体 AB とその鏡像 AB' が与えられた場合，AB' は AB_1，AB_2（平面に退化），AB_3 と回転させられたあと AB に一致する．見方を変えれば3次元の右手と左手が4次元空間の中での回転の結果一致するということになる．哲学者のカントはこのような図を思いながら『プロレゴメナ』の中で右手と左手は4次元空間を通せば一致するといったのだろうか．奇妙な数学者として有名なメビウスも1827年の小論文の中で3次元空間内の実像と鏡像は4次元空間内で回転させると重なると考えたが，幾何学者のマニングはこの年を4次元図形のコペルニクス的転回の年といっている．

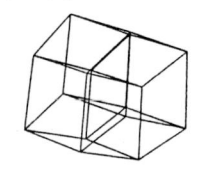

9. 4次元図形の中に住む

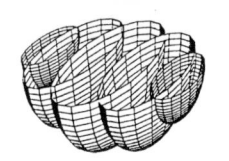

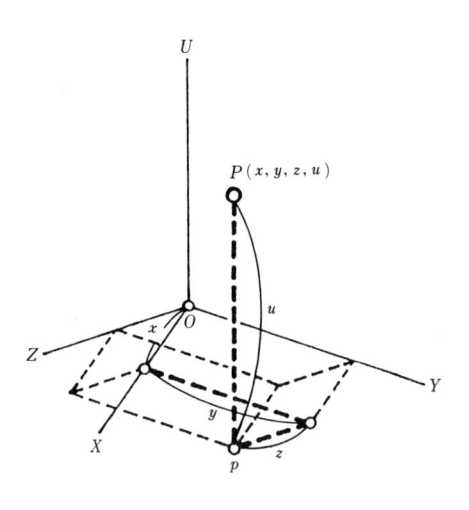

●図 9.3
4次元直交座標軸内の点 $P(x, y, z, u)$ の XYZ 空間への直投影の概念.
破線はすべて座標軸に平行.

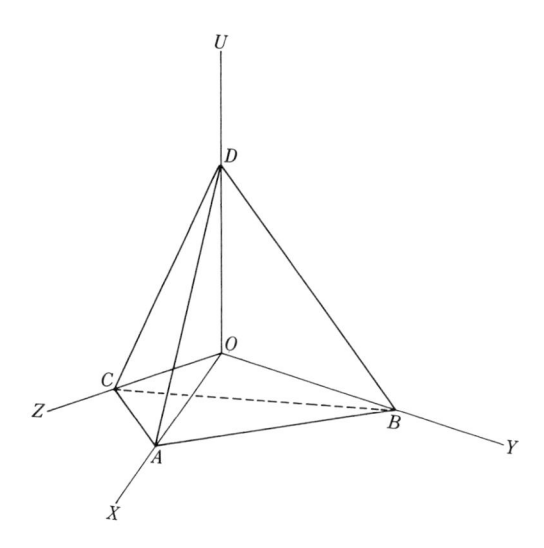

●図 9.4
正4面体 $ABCD$ の中の4次元直交座標軸. A, B, C, D は各軸上の単位目盛.

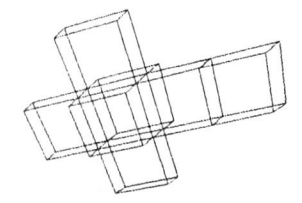

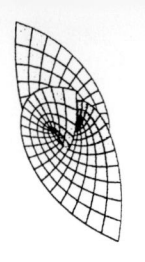

9.6 ●直交 4 座標軸

2次元平面上では互いに直交する 2 座標軸が引かれ，3 次元空間内では互いに直交する 3 座標軸の模型がつくられる．それと同じく 4 次元空間内では互いに直交する 4 座標軸の超模型をつくることができる．といっても，我々 3 次元人にはその 3 次元空間内への投影を見ることができるだけである．その場合，4 本すべてが互いに直交することはない．3 次元空間内の直交 3 座標軸が 2 次元平面上へすべてが互いに直交するようには投影できないのと同じである．

このような座標軸に基づくと 4 次元空間内で座標 (x, y, z, u) を持つ 1 点の，たとえば XYZ 空間への直投影は図 9.3 のように作図される．この場合 U 座標は 0 となって座標 $(x, y, z, 0)$ を持つ．さらに XY 平面への直投影では Z 座標も 0 となって座標 $(x, y, 0, 0)$ を持つ．他の空間内や平面上への直投影も同様である．

ところで 3 次元空間内の直交 3 座標軸は，2 次元平面上へ，互いに 120°をなして交わる 3 直線として直投影することができ，この場合の原点を正 3 角形の中心におくと単位目盛は適当な大きさの正 3 角形の 3 頂点と一致する．同じように 4 次元空間内の直交 4 座標軸は，3 次元空間内へ互いに約 109°28′ をなして交わる 4 直線として直投影することができ，この場合の原点を正 4 面体の体心におくと，単位目盛は適当な大きさの正 4 面体の 4 頂点と一致する（図 9.4）．

109°28′ という角度は，4 面体角とか 18 世紀中頃の天文学者マラルディにちなんでマラルディの角とかいわれ自然界の至る所に現れることで知られる．自然界は 3 次元的な直角よりもこの 4 次元的なマラルディの角を好むとさえいわれるほどである．たとえばダイヤモンドを構成する炭素原子は互いにこの角度をなしながら並んでいる（第 2 章参照）．最近の天文学者の観測によると天王星はダイヤモンドに覆われているらしいから 4 次元の世界に浸りたいなら天王星へ行けばよい．土星を覆っている氷の結晶でもまた水素と酸素の原子がこの角度に従って並んでいる．もっと手軽に地球上で見たいのなら，ミツバチの巣，ざくろの実，ヒシの実，テトラポッド，さらには毎日使っているせっけんの泡などにはふんだんにマラルディの角が現れる．金属や樹脂の補強剤として最近注目を浴びているウィスカ（図 9.5）でも 4 本のとげがマラルディの角をなして集まる．これは亜鉛のくずから精製したものだというから大企業ではゴミの中に 4 次元が見られることになる．それどころか我々のからだをつくり上げている何億という遺伝子 DNA の分子構造（図 9.6）はみごとにこの角度でつくり上げられている．我々はまさに 4 次元座標軸の中で生きている．

9.7 ●多胞体

4 次元空間内で多面体状の胞（以下，単に多面体という）を 2 個で 1 枚ずつの側面を共有させながら連結した 4 次元立体を多胞体（4 次元多胞体）という．そのうち一つの胞を平行移動したようなかたちのものが 4 次元角柱，一つの胞のすべての頂点を別の一点と結んだよ

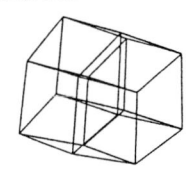

9. 4次元図形の中に住む

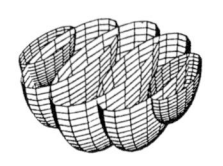

●図 9.5
酸化亜鉛ウィスカ(写真提供：松下アムテック株式会社)

●図 9.6
遺伝子DNAの分子構造(日ノ本合成樹脂社製)

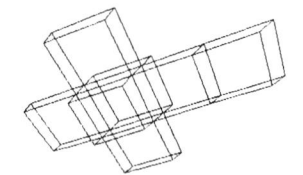

9. 4次元図形の中に住む

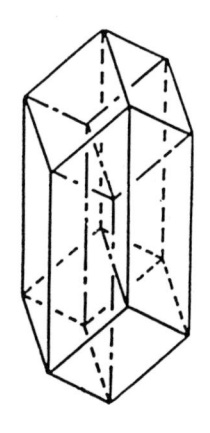

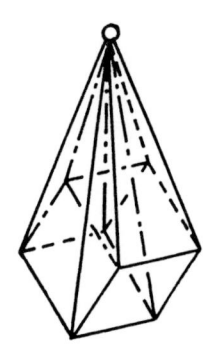

●図 9.7
4次元角柱(左)と4次元角錐(右). 一点鎖線は内部にある線, 破線は背後にある線.

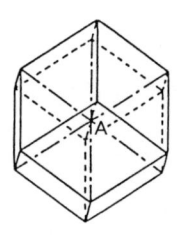

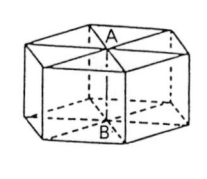

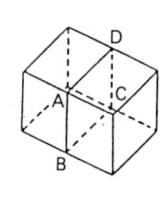

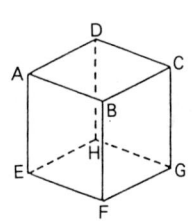

●図 9.8
4次元立方体の代表的な直投影. 左から, 点 A, 線 AB, 面 ABCD, 胞 AG を体心に置く. 外殻は左から菱形12面体, 正6角柱, 直方体, 立方体.

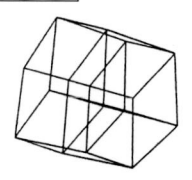

9. 4次元図形の中に住む

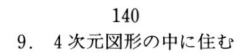

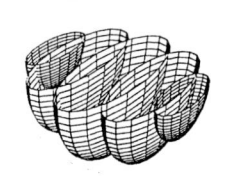

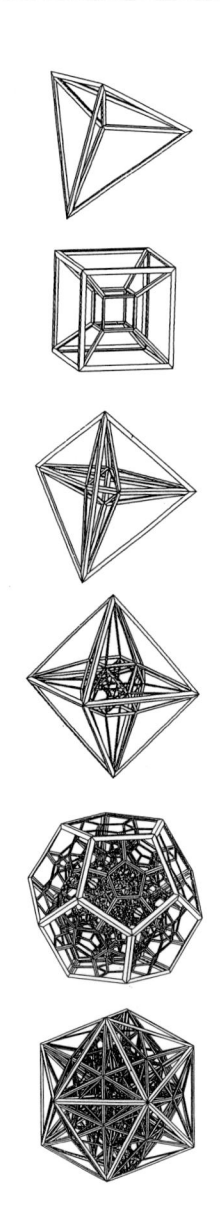

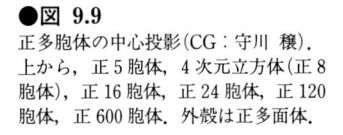

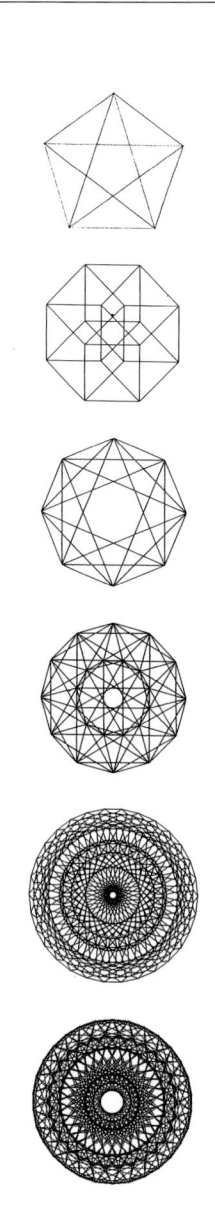

●図 9.9
正多胞体の中心投影(CG：守川 穣)．上から，正5胞体，4次元立方体(正8胞体)，正16胞体，正24胞体，正120胞体，正600胞体．外殻は正多面体．

●図 9.10
正多胞体の2次元平面上への直投影(CG：塩崎 学)．配列は図9.9と同じ．外形は正多角形．

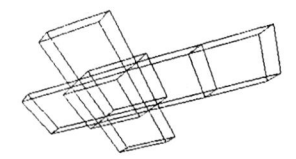

うなかたちのものが4次元角錐である(図9.7).
4次元角柱の代表的なものが3次元の立方体を平行移動させたとき導かれる4次元立方体で，8個の立方体が互いに正方形の側面を共有し合いながら集まっている．4次元直交座標軸に平行な稜のみから構成されるともいえる．これを4次元空間の中で回転させながら3次元空間へ直投影すれば様々な3次元立体が得られる．そのうち整ったものを図9.8に示す．それぞれの体心には左から頂点，稜，側面，胞のいずれかがくるように投影されていて，それぞれの外形は左から菱形12面体(対角線の長さが$1:\sqrt{2}$の菱形12枚からなる多面体)，正6角柱，直方体，立方体となっている．いずれも自然界との関係上，基礎的な図形ばかりである．

9.8 ●正多胞体

紀元前の古代ギリシャ時代以来，非常に美しい幾何学的な3次元立体として知られてきたのが，1種類のみの正多角形が各頂点まわりに一定の状態で集まる五つの正多面体で，これには図9.9の外殻となっている5種類がある．最上段あるいは3段目の外殻としての正4面体，2段目の外殻としての立方体，4段目の外殻としての正8面体，5段目の外殻としての正12面体，最下段の外殻としての正20面体である．
この正多面体の4次元版が正多胞体で，1種類のみの正多面体が各稜ならびに各頂点のまわりに一定の状態で集まる．これには前述の8個の立方体からなる4次元立方体(正8胞体．頂点数16，稜数32，正方形数24)のほか，正4面体5個でできる正5胞体(4次元正4面体．頂点数5，稜数と正3角形数10)，正4面体16個でできる正16胞体(4次元正8面体．頂点数8，稜数24，正3角形数32)，正8面体24個でできる正24胞体(4次元菱形12面体．頂点数24，稜数と正3角形数96)，正12面体120個でできる正120胞体(4次元正12面体．頂点数600，稜数1200，正5角形数720)，正4面体600個でできる正600胞体(4次元正20面体．頂点数120，稜数720，正3角形数1200)の6種類がある．図9.9にそれぞれを構成する正多面体を外殻とする中心投影を，また図9.10に正多角形を外形とする2次元平面上への直投影を示す．紀元前5世紀，古代ギリシャのプラトンは，当時の宇宙の最小の構成元素として知られていた地，水，火，風の4大元素とそれらを入れる宇宙の器のかたちに，正多面体のそれぞれをあてはめて，立方体，正20面体，正4面体，正8面体，正12面体であると考えたが，ひょっとすると現代の宇宙の最小の構成元素である6種類のクォークは6種類の正多胞体の姿をしているのかもしれない．
こうした正多胞体のうち，4次元立方体と正16胞体は頂点と胞ならびに稜と側面を互いに入れ換えたかたちとなっていて互いに双対といわれ図形的に深い関係を持つ．正120胞体と正600胞体も互いに双対，正5胞体と正24胞体はそれぞれ自分自身に双対である．互いに双対な正多胞体は頂点まわりを超平面で規則的に切断していくと一方から他方へ変形することができる．図9.11に正120胞体を正600胞体に変形する場合の外殻(左列)と内部構造を示す．途中に1種類あるいは2種類の正多角形のみから構成される規則的な多面体ばかりが現れている．

9. 4次元図形の中に住む

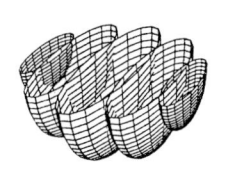

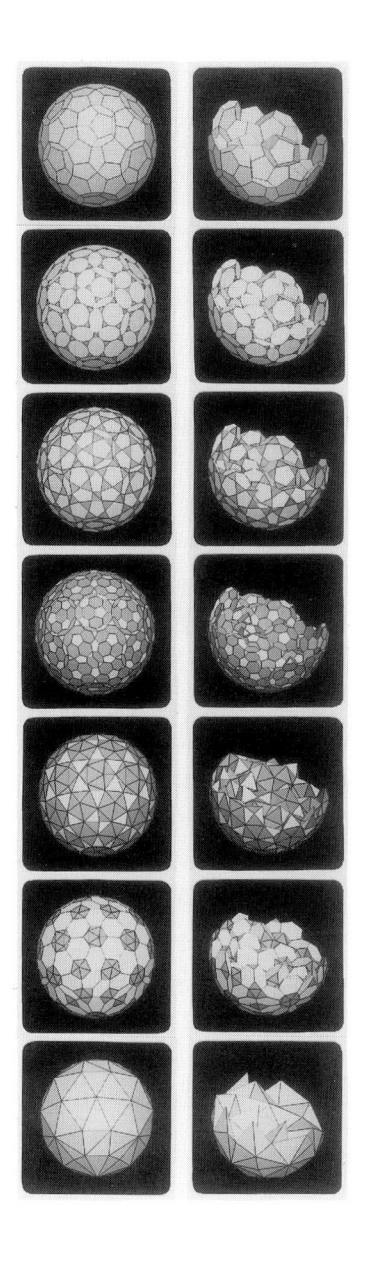

●図 9.11
正120胞体(最上段)と正600胞体(最下段)(いずれも平面図は図9.10に一致)の頂点まわりの規則的な切断(CG：塩崎 学).途中に1種類あるいは2種類の正多角形からなる規則的な多面体が生まれている.左列は外殻,右列は半分に割って内部構造を見せる姿.

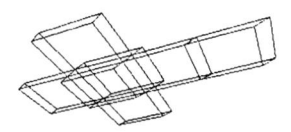

こうした正多胞体の投影は，図9.9からもわかるように，多くの場合，中央に大きな胞が置かれそれが周辺へ近づくに従って偏平になって，最外郭では1枚の多角形に退化する．このような姿は，放散虫（図9.12）やウイルス（図9.13）をはじめ，生物の細胞の集まりであるボルボックス（図9.14）さらには花粉（図9.15）のような極微の自然界に見られるかたちを暗示する一方，地殻構造を持つ地球自身や極大の泡状宇宙というものにも関係するかもしれない（第4章参照）．第4章の泡状宇宙では側面に銀河集団がくっついた数多くの巨大な正12面体が泡のように集まっている．この各正12面体は4次元空間の中で回転させられるに従い大きさや配置を様々に変えるのである．プラトンは4大元素を入れる宇宙の器のかたちを正12面体であると考えたが，現代の観測によるとむしろ4次元の正12面体つまり正120胞体なのかもしれない．

9.9 ●シュレーフリの公式

よく知られているように3次元の正多面体の頂点，稜，側面の個数 V, E, F の間にはオイラーの公式
$$V - E + F = 2$$
が成立している．
それに対して4次元の正多胞体の頂点，稜，側面，胞の個数 V, E, F, C の間には式
$$V - E + F - C = 0$$
が成立する．この式は発見者であるスイスの牧師の名にちなんでシュレーフリの公式とか，オイラーの公式を拡張することによってポアンカレが導いたことにちなんでオイラー・ポアンカレの公式とかよばれている．
この式は結晶学では次のような具体的な内容を持つことで知られている．たとえば，いま図9.16のような2個の結晶が6角形 A-D で接合した双晶があったとする．このときこの A-D も側面として数えると，V, E, F, C はそれぞれ 18, 32, 17, 2 であって，上式の右辺は1となる．A-D を除外して全体を1個の結晶と考えても，また結晶がもっとたくさんくっついても，貫通孔や中空部分がない限り同じことである．じつはこの式に，結晶の置かれている場としての3次元空間をも1個の胞として加えると右辺は0となってシュレーフリの公式と一致する．
我々は公式的にも4次元図形の中に住んでいる．

9.10 ●正多胞体の連結

多角形や多面体は，単独でよりも複数個を密度高く集めるとき自然界とのより深い関係を見せる．そのようなかたちのうち最も規則的なものが，2次元平面上を正3角形，正方形，正6角形のどれか1種類だけで埋め尽くす平面充填図形や，3次元空間を立方体だけで埋め尽くすポリキューブである．
それに対して4次元空間を1種類の正多胞体で埋め尽くす図形として，4次元立方体，正16

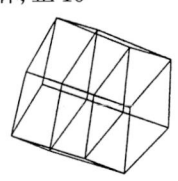

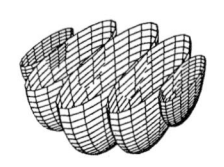

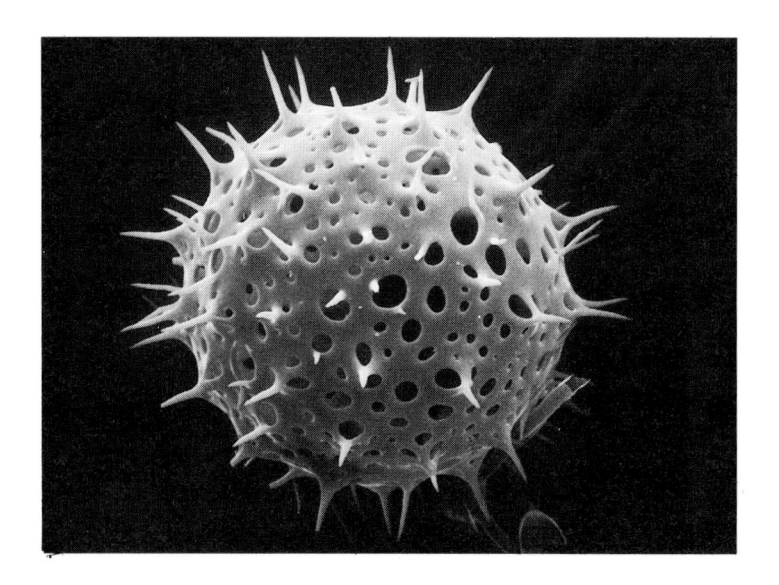

9. 4次元図形の中に住む

●図 9.12
放散虫(写真提供:松岡 篤)

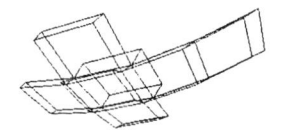

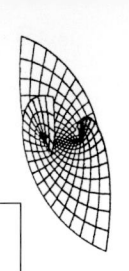

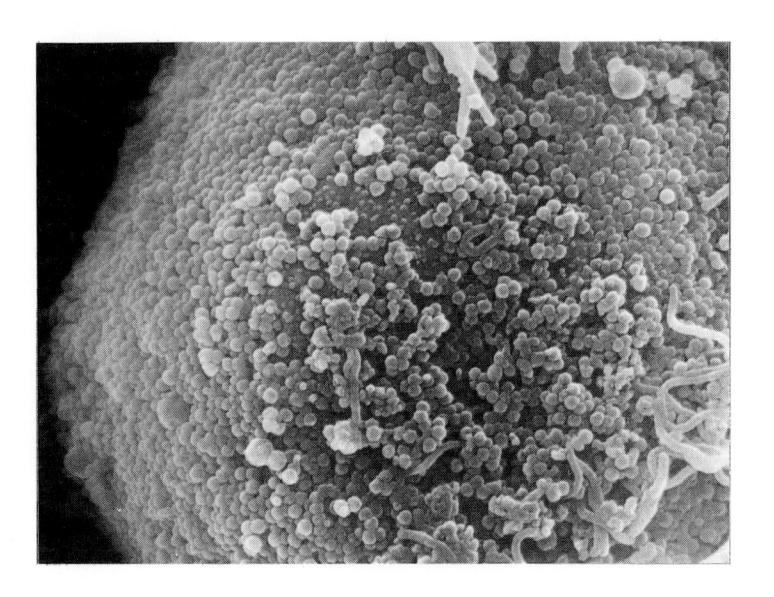

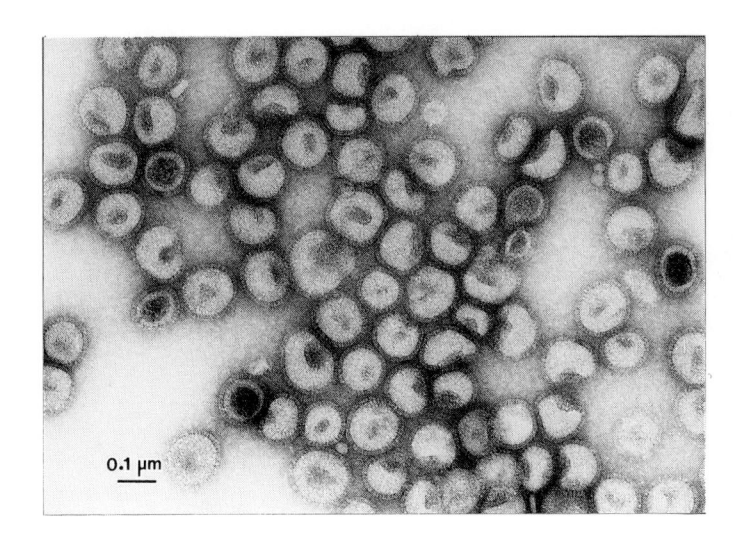

●図 9.13
ヒトヘルペスウイルス(上)とインフルエンザウイルス(下)(写真提供:新居志郎).一つひとつのウイルスの内部は多胞体のようになっている.

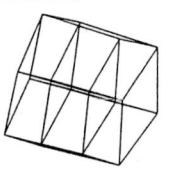

9. 4次元図形の中に住む

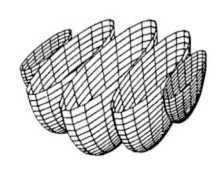

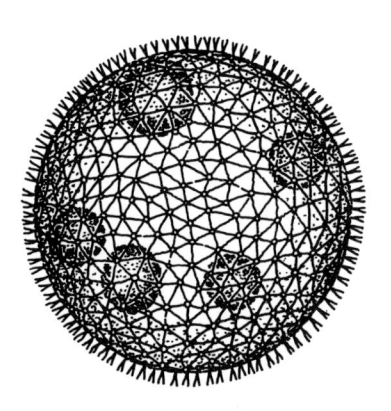

●図 9.14
ボルボックス

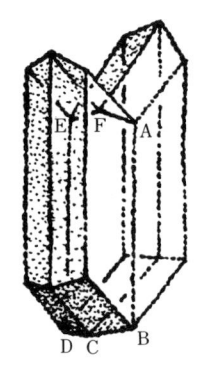

●図 9.16
6角形のA-Dで接合した双晶

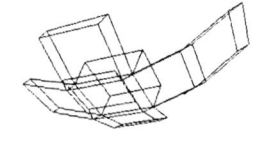

●図 9.15
カスミソウの花粉(写真提供：上野実朗)

9. 4次元図形の中に住む

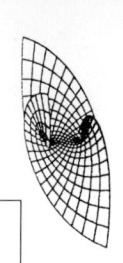

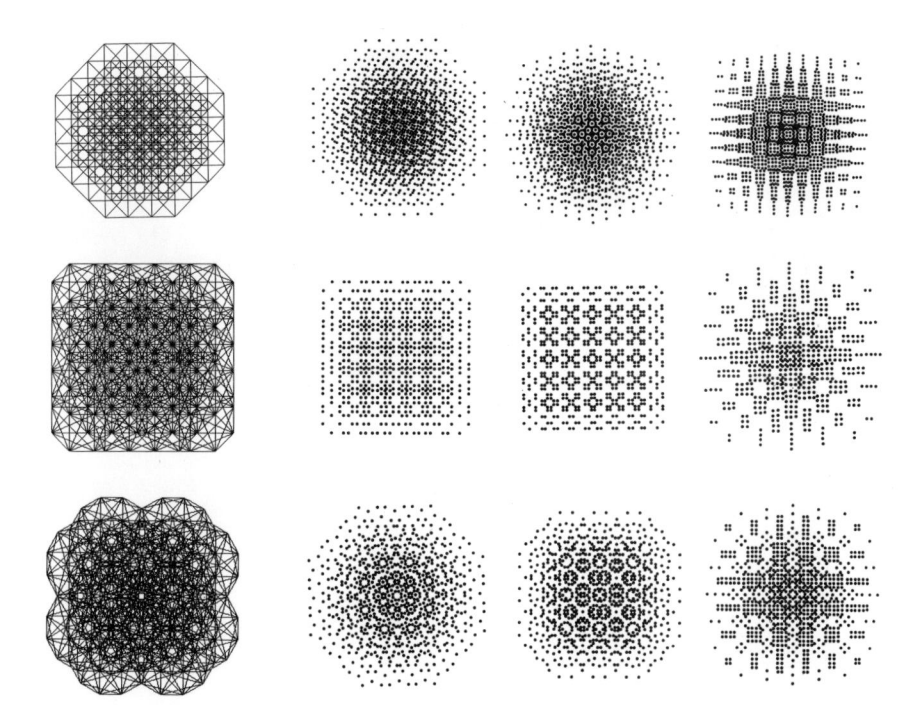

●図 9.17
正多胞体による 4 次元空間充填図形(CG：塩崎 学)．上段から 4 次元立方体，正 16 胞体，正 24 胞体による．左端はユニットが図 9.10 にならって正多角形の中に投影された場合，右 3 列はそれを回転させた場合の頂点の配列の変化．

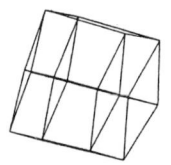

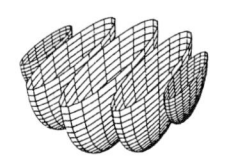

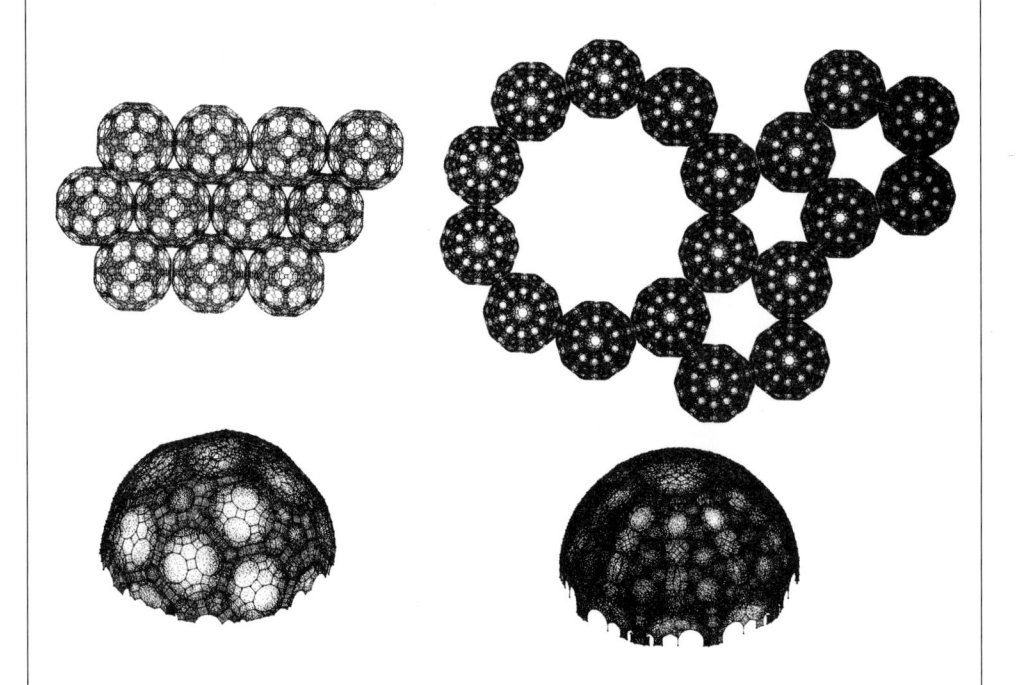

9. 4次元図形の中に住む

●図 9.18（口絵 6）
正 120 胞体と正 600 胞体から導かれる規則的な多胞体の，周期的（左列）ならびに非周期的（右列）な連結．下段はそれぞれのユニットのドーム状の部分．

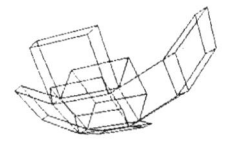

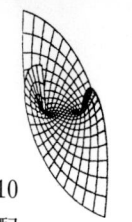

胞体, 正 24 胞体のいずれかを使う 3 種類が知られている. 図 9.17 に, ユニットが図 9.10 のように正多角形の中に投影された場合の状態(左列)とそれを回転させたときの頂点の配列の変化状態を示す. このような姿で変化する結晶構造が自然界にみつかるかもしれない. 一方, 4 次元空間を埋め尽くすのではないが, たとえば図 9.11 のような正 120 胞体と正 600 胞体から導かれる規則的な多胞体については, 多面体状胞を共有させながら連結して 3 次元空間へ直投影すると, 投影方向の違いによって図 9.18 左列のような平行移動によって自分自身に重ねることのできる周期的な図形と, 同図右列のような平行移動では重ねることのできない非周期的な図形が導かれる. 周期的な図形と非周期的な図形は 2 次元平面上や 3 次元空間内では極端に違った性質を持つが, 4 次元空間内では同じ図形が見せる異なった顔にすぎないのである.

9.11 ● n 次元正多胞体

対称性が高く美しい図形として, 2 次元平面上には無限の正多角形が, 3 次元空間には五つの正多面体が, 4 次元空間には六つの正多胞体がある.

それに対して, 5 次元以上の n 次元空間には三つずつの n 次元正多胞体がある. 正 3 角形のみからなる n 次元正 4 面体(正 $n+1$ 胞体. 頂点数 $n+1$, 稜数 $(n+1)n/2$, 3 角形数 $n(n^2-1)/6$), 正方形のみからなる n 次元立方体(正 $2n$ 胞体. 頂点数 2^n, 稜数 $2^{n-1}n$, 四角形数 $2^{n-3}n(n-1)$), 正 3 角形のみからなる n 次元正 8 面体(正 2^n 胞体. 頂点数 $2n$, 稜数 $2n(n-1)$, 3 角形数 $2n(n-1)^2/3$) であり, これらは 2 次元平面上へ正多角形を外形とするように直投影することができる(図 9.19). つまり正 $n+1$ 胞体は正 $n+1$ 角形の中にすべての対角線を入れ, n 次元立方体は正 $2n$ 角形の中に互いに重なるものも含めてすべての菱形を入れ, 正 2^n 胞体は同じく正 $2n$ 角形の中に中心を通るもの以外のすべての対角線を入れる.

n 次元立方体の 3 次元空間内への直投影の外殻の中には, ロシアの結晶学者フェドロフのみつけた 5 種類の平行多面体(図 9.20)と一致するものがある. 平行多面体とは, 同じかたちのユニットを平行移動するだけで 3 次元空間を埋め尽くすことのできる多面体で, 結晶構造と深く関係することで知られる.

いずれにしても正多胞体は高次元空間内では単純なのに 2 次元平面上や 3 次元空間内へはバラエティに富んだ姿で投影される. これから判断すると 2 次元平面上や 3 次元空間内の様々な多角形や多面体は何次元かの高次元空間におけるたった一つの単純な図形の影にすぎないのかもしれない. 我々 3 次元人はみんな兄弟どころか高次元空間では一心同体なのである.

9.12 ● n 次元ポリキューブ

4 次元の場合と同じく高次元多胞体は複数個を密度高く集めるとき, よりいっそう自然界と対応する内容を持つ. とくに 1 種類だけの n 次元正多胞体による n 次元空間充填図形と

9. 4次元図形の中に住む

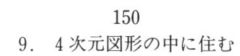

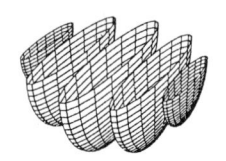

●図 9.19
n 次元正多胞体の 2 次元平面上への正多角形を外形とする直投影(CG：高田一郎). 上から 40 次元正 4 面体, 16 次元立方体, 22 次元正 8 面体.

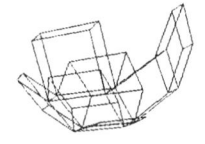

9. 4次元図形の中に住む

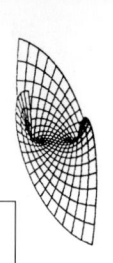

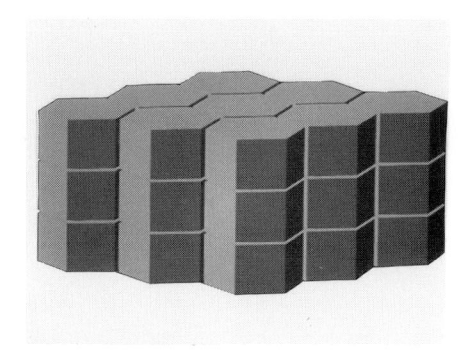

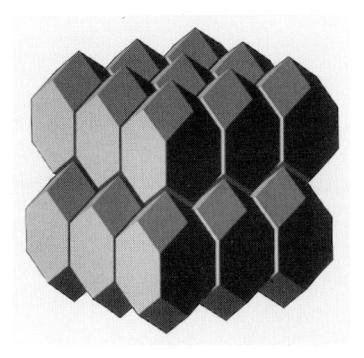

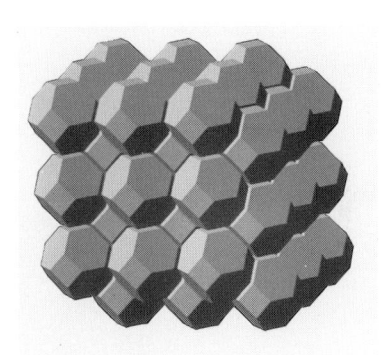

●図 9.20
平行多面体による空間充塡図形(CG：石井源久，Do-GA CGA システム使用)．ユニットは，上段左から，立方体，6角柱(4次元立方体)，中段は菱形12面体(4次元立方体)，下段左から，長菱形12面体(5次元立方体)，切頭8面体(6次元立方体)．

9. 4次元図形の中に住む

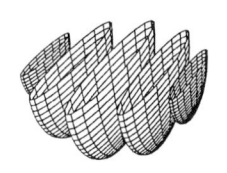

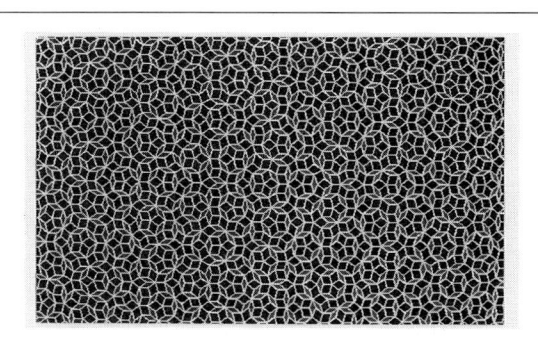

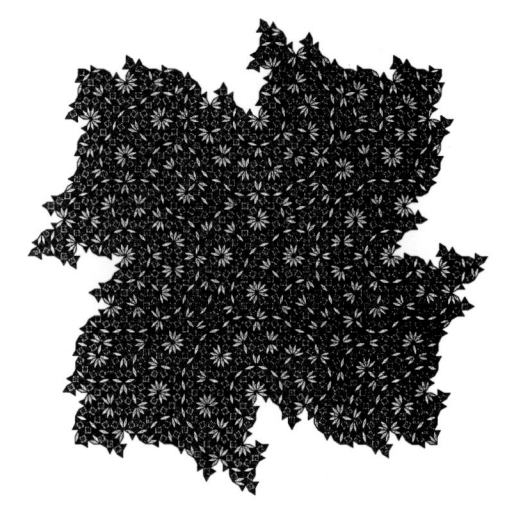

●図 9.21
5次元ポリキューブの投影から導かれるペンローズパターン(CG：石原慶一・上)と4次元ポリキューブの投影から導かれる非周期的なパターン(CG：渡辺泰成・下)

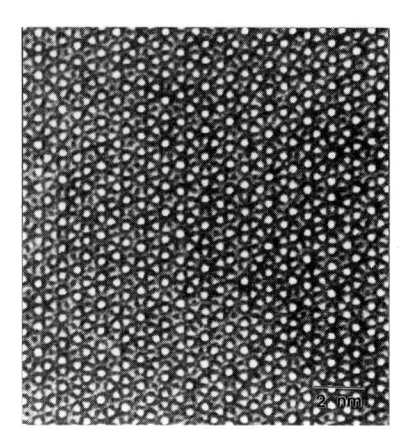

●図 9.22
Al-Mn合金に見られる準結晶構造の高分解電子顕微鏡像(写真提供：平賀賢二)

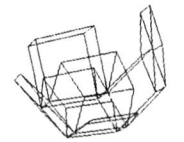

9. 4次元図形の中に住む

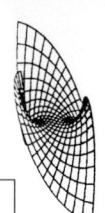

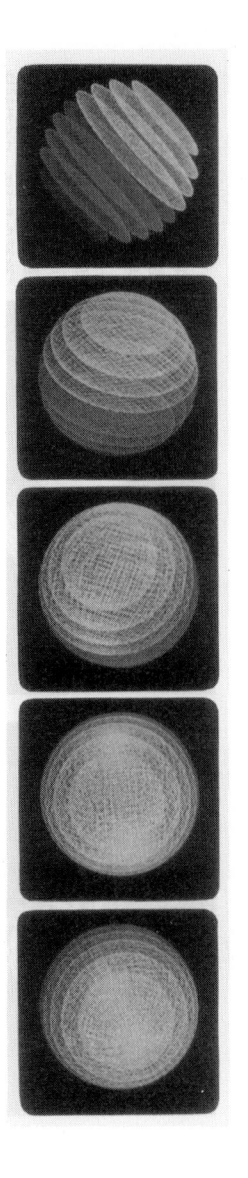

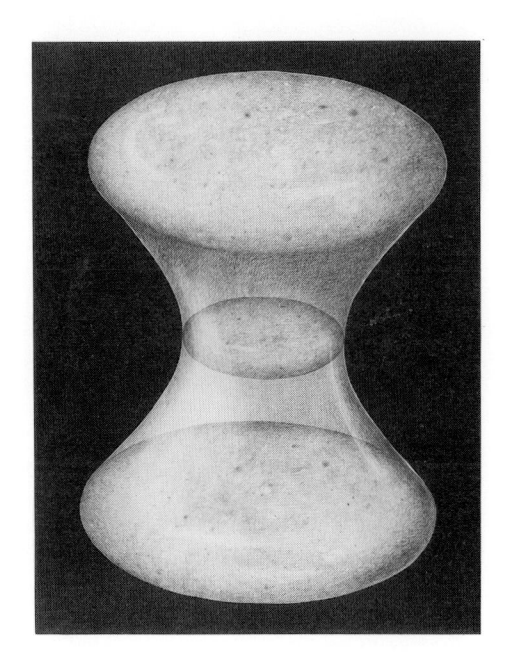

●図 9.24
超つづみ形を見せるアインシュタインの宇宙像

●図 9.23
回転する超球面の直投影(CG：塩崎 学)

9. 4次元図形の中に住む

●図 9.25(口絵 5)
回転する超つづみ形の直投影
(CG：塩崎 学)

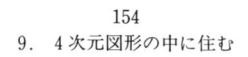

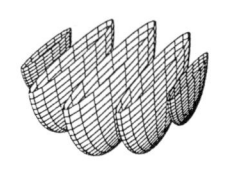

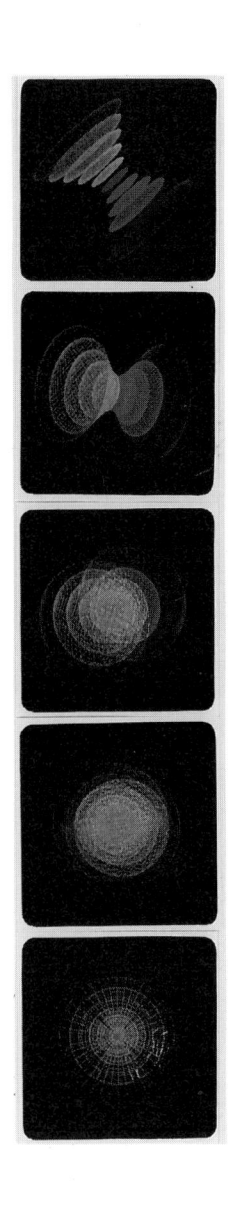

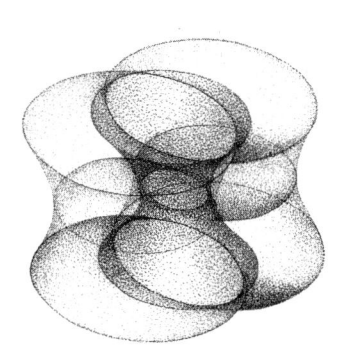

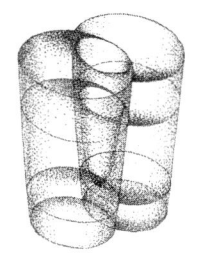

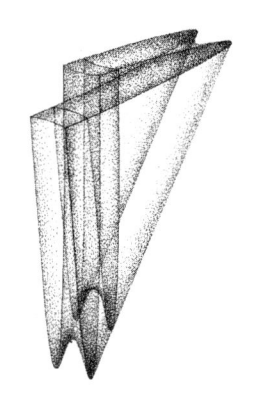

●図 9.26(口絵 7)
風変りな2次超曲面．上から方程式
$X^2+Y^2-Z^2-U^2=1$, $X^2+Y^2-Z^2-U=1$, $X^2-Y^2-Z-U=1$ を持つ．

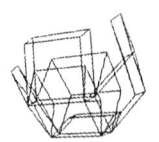

しての n 次元立方体による n 次元ポリキューブは自然界と深い関係にある.

この n 次元ポリキューブは, n 次元空間内では周期的な構造を持っているが, 2 次元平面上へうまく投影して隠線を消すと非周期的な平面パターンとなる. いずれも数種類の菱形がところどころで正 $2n$ 角形をつくりながら 1 点を中心として無限に発散するように並んでいる. このパターンは投影方向の違いや隠線の消し方によって様々に変化するが, そのうちとくに 5 次元の場合の一つが正 10 角形を構成する 2 種類の菱形を組み合せるペンローズパターン (図 9.21 上) で, 図 9.22 のように金属の準結晶構造にも現れることで知られる. 図 9.21 の下は 4 次元ポリキューブから導かれる非周期的なパターンである. 非周期的なパターンについての詳細は第 7 章に譲る.

こうした n 次元ポリキューブを足場にすると高次元空間内の任意のかたちを 2 次元平面上や 3 次元空間内で自由に考えることができることになる.

9.13 ●超曲面

4 次元目の方向になめらかに曲がった 3 次元空間が 4 次元の超曲面であって, 切口はふつう 3 次元の曲面となっている. 3 次元の曲面をなめらかに動かすとき得られるともいえる. たとえば方程式 $X^2+Y^2+Z^2+U^2=1$ で与えられる超球面は半径が少しずつ変わる 3 次元の球面 (たとえば $X^2+Y^2+Z^2=1-U^2$) が積層して全体としても球状になっていて, それを回転させながら 3 次元空間へ直投影すると図 9.23 の上から下へのように変化する. つまり, まず互いに平行な円盤の集まりがあり, 各円盤がだんだん太っていって楕円体になり, やがて互いに食い込み合って, ついには同心球の集まりとなる. 逆に下から上にかけていえば, 卵の黄身のように同心球の中心部分にある小さな球が 4 次元空間における回転とともに平たくなりながらだんだん外へしみ出し, ついには完全に外へ出てしまう.

図 9.24 は方程式 $X^2+Y^2+Z^2-U^2=1$ で与えられる超つづみ形で, アインシュタインが説明した宇宙像でもある. つまり中央にある最も小さな楕円体が現在の宇宙で, それが過去 (下の楕円体) へいっても未来 (上の楕円体) へいっても無限に大きくなる. この超つづみ形を 4 次元空間の中で回転させると超球面と同じく図 9.25 の上から下へのように変化して, ついには最下段のように超球面と全く同じ同心球の集まりとなる. この時点では宇宙は超つづみ形か超球面かわからない. もし超つづみ形の中央の最も小さい球が凝縮して一点になってしまえば宇宙全体は方程式 $X^2+Y^2+Z^2-U^2=0$ で与えられる超円錐となる (第 1 章参照).

こうした超球面も超つづみ形も超円錐もすべて 2 次方程式で与えられる 2 次超曲面である. 図 9.26 にはその他のいくつかの風変わりな 2 次超曲面を示す. 最上段はつづみ形がつづみ形に沿って移動するもの, 中央はつづみ形 (上の切口) が円錐 (下から二つ目の切口) や二つに分かれたパラボラアンテナ形双曲面 (一番下の切口) に姿を変えながら平行移動するもの, 最下段は双曲放物面がやはり双曲放物面に従って平行移動するものである. 将来, このような宇宙像を提案する科学者が現れるかもしれない.

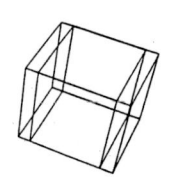

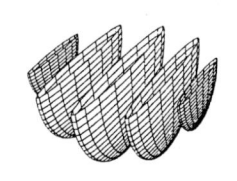

● 4次元のかたちのパラパラアニメ

本書の各ページの隅を飾るのは，昔なつかしいパラパラめくりのアニメーションです．各ページの隅の表と裏に印刷してある絵（4種類）をパラパラとはじかせながらめくって見ると，それぞれの絵が動きます．昔なつかしいとはいっても，昔の人が見たこともない4次元のかたちを，昔の人が考えたこともないコンピュータで描いてみました．プログラムを作ったのはすべて京都大学理工系学部の学生です．

● 4次元半球 ● 作：山口　哲

3次元の球を互いに平行な平面で北極から南極まで少しずつ切っていくと，まず北極の1点が現れ，それがだんだん大きな円にふくらんでいって赤道で3次元球と同じ半径の円となったあとは，またたんだん小さくなっていってついに南極の1点となって消えます．ただし，円といっても3次元人が斜めから見ると楕円となります．

それから想像すると，4次元の球を互いに平行な超平面（3次元の空間）で北極から南極まで少しずつ切っていくと，まず北極の1点が現れ，それがだんだん大きな球にふくらんでいって赤道で4次元球と同じ半径の球となったあとは，またたんだん小さくなっていってついに南極の1点となって消えます．ただし，球といっても4次元人が斜めから見ると楕円体となります．この4次元の球を半分に切ってみました．

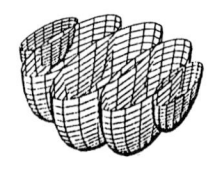

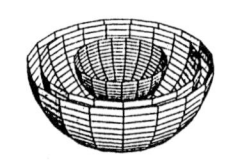

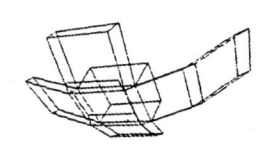

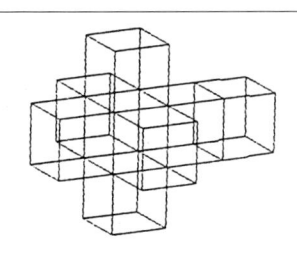

● 4次元立方体の展開 ● 作：古瀬　惇

かつて画家のダリは，八つの立方体が立体的な十字形に集まった4次元の十字架の絵を描きました．この十字架はじつは4次元の立方体の展開模型となっています．ハインラインの書いた「歪んだ家」というSF小説によると，あるとき，ある建築家がこのかたちの家を設計します．3次元ではいかにも家のような姿をしていますが，4次元の中では展開されていますから雨ざらしです．ところが完成直後に大地震が起こり，この展開模型がいっぺんに本当の4次元立方体にたたまれてしまいました．それからがたいへんで，一歩家の中に入るや，どこが居間か寝室かわからず，窓からは地球の裏側の景色が見えるのです．では4次元の立方体はどのように展開され，どのようにたたまれるのでしょうか．

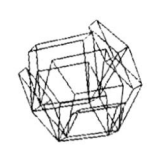

4次元のかたちのパラパラアニメ

●複素関数 $W=Z^3$ ●作：田中浩也

複素数とは，二つの実数 x, y と $i=\sqrt{-1}$ なる虚数単位"i（アイ）"を用いて，$x+yi$ と表す数体系です．「実部」と「虚部」，いわば「現実」と「虚構」が組み合された世界のようなものなのです．ここでは，4次元空間にそのグラフを描き，回転させてみました．
実際にこのパラパラめくりを見てみるとわかるように，随所に実数関数 $W=Z^3$ の面影が見えますが，独特の動き方で変化していき，チョウのようなかたちが現れてきます．まさに，現実に脚色を加えた魅惑的な世界です．
でも，私たちはどんなに現実の世界がしがないからといって，"愛（アイ）"を虚数単位にしてしまわないようにしなければなりませんね．

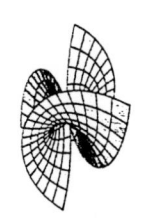

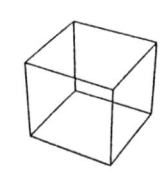

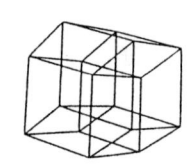

●点から4次元立方体へ●作：山口　哲

0次元の点がまっすぐ動くと1次元の線分になります．1次元の線分が平面の上で自分と直角の方向に自分と同じ長さだけ動くと2次元の正方形になり，それをあちこちから見ると辺の長さは同じでなくなり，かたちもいろいろ変わります．2次元の正方形が3次元空間の中で自分と直角の方向に自分の1辺と同じ長さだけ動くと3次元の立方体になり，それをあちこちから見ると正方形は正方形でなくなり，かたちもいろいろ変わります．この3次元の立方体が4次元空間の中で自分と直角の方向に自分の1辺と同じ長さだけ動くと同じ大きさの8個の立方体からなる4次元の立方体になり，それをあちこちから見ると立方体は立方体でなくなり，かたちもいろいろ変わります．

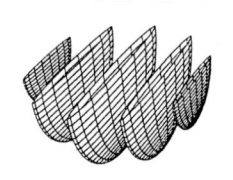

●索 引

●あ行●

α崩壊 63
泡状宇宙 143

イオン性結晶 53
1次元準周期構造 91
一般相対性原理 2

ウィスカ 137
ウェルズ 135

液滴模型 61
NCS表色系 123
n次元空間充塡図形 149
n次元正4面体 149
n次元正多胞体 149
n次元正8面体 149
n次元ポリキューブ 155
n次元立方体 149
エピタキシャル結晶成長 55
エラ穴 19
エーレンフェスト 13

オイラーの公式 143
オイラー・ポアンカレの公式 141
オクテット 77
オストワルト表色系 123
オービタル 59, 77
親核 63

●か行●

回折 89, 95
回転軸 107
回反軸 107
カオス 41

拡散 35
核子 61
核力 61
殻模型 61
ガリレイの相対性原理 2
ガリレイ変換 5
カルツァ・クラインの5次元理論 10
カルツァ・クラインの11次元理論 11
慣性系 2
カント 12, 135
γ崩壊 63

軌道の安定性 12
鏡像 71, 135
金属内包フラーレン 73

空間群 93, 95, 109
クォーク 141
クライン 11
グラファイト 79
グルタミン酸 71

血管内皮シート 27
結晶学的制約 109
結晶成長 81
結晶点群 109
原子 13, 57
原子核 57
原子番号 57
元素の周期表 79

光学異性体 71
格子定数 55
光速度一定の原理 3
5回対称 89

骨髄 31
ゴーレイ符号 48

●さ行●

彩度 121
最密充塡問題 47
座標軸 137
3角不等式 9
3次元空間 132
3次元ペンローズ図形 101

色彩学 121
色相 121
時空図 7
時・空4次元 51
次元公式 133
自己相似性 99
実空間 91
4面体角 137
斜投影 135
周期的 149, 155
絨毛 27
10回対称 89
10方格子 99
シュレーディンガー方程式 13, 75, 83
シュレーフリの公式 143
準結晶 89, 93, 97
準周期構造 87, 91
上皮シート 17
上皮組織 17
腎臓 27

水素原子 75
錐体 125
スピン 59
スポンジ構造 31

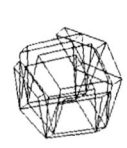

索 引

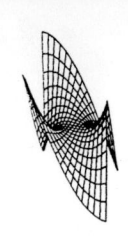

正 $n+1$ 胞体　149
正 5 胞体　141
正 4 面体　81, 141
正 12 面体　141
正 16 胞体　141, 143
正多角形　149
正多胞体　65, 141, 143, 149
正多面体　65, 141, 149
正 $2n$ 胞体　149
正 2^n 胞体　149
正 20 面体　141
正 24 胞体　141, 149
正 8 胞体　141
正 8 面体　81, 141
正 120 胞体　65, 141, 149
正 6 角柱　141
正 600 胞体　141, 149
世界線　9
切頭 4 面体　81
切頭 8 面体　81
切頭立方体　81

相似比　99
双晶　143
双対　141
相対性理論　2, 84
相対論的 3 角不等式　9
相転移現象　37
相変化　50

●た 行●

対称性　93
対称操作　107
対掌体　111
対称要素　107
大統一理論　11
胎盤　31

ダイヤモンド　137
多胞体　65, 137
多面体　65
胆細管　31
炭酸ガスレーザー　50
単純格子　113
単体　47

中心投影　65, 135
中性子　57
超円錐　155
超球　77, 155
超曲面　130, 155
超弦理論　11, 84
超重力理論　11
超直方体　25
超つづみ形　155
超平面　19, 132
超立方体　19, 21, 73
直方体　141
直投影　135
直交行列　45
直交 4 座標軸　137

DNA　137
テトラポッド　137
トリフォイル　75
点群　93
電子　57
電弱理論　11

同位元素　61
同位体　61
統一場理論　10
投影　131, 135
透明人間　135
洞様　31

特殊相対論　2
独立粒子模型　61
ドーナツ型　17

●な 行●

2 次元準周期構造　97
2 次超曲面　155
ニュートンの運動法則　2
ニュートン力学　2
人間原理　13

●は 行●

肺胞　27
パリティー　45
半減期　63
反対色　121

光円錐　7
菱形 12 面体　141
ヒシの実　137
非周期的　149, 155
脾臓　31
ピタゴラスの定理　9
皮膚　27
鼻涙管　17

フェドロフ　149
複合結晶　89, 91, 97
複合格子　113
双子のパラドックス　9
二股分岐　31
物理量の次元　35
プラトン　141
ブラベ格子　109
フラーレン　73
プロレゴメナ　135
分子　57

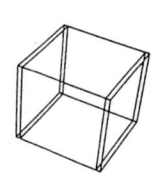

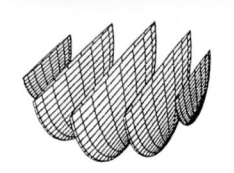

ペアリング 66
閉殻構造 59, 61
平行多面体 149
平行投影 65, 135
並進ベクトル 111
平面充塡図形 143
β 崩壊 63
ペリー 12
変調構造 87, 91, 97
ペンローズ図形 99
ペンローズパターン 155

ボーアの原子論 13
胞 132, 137
放散虫 143
補空間 91
補色 123
ポリキューブ 143
ボルボックス 143

● ま行 ●

マイケルソン・モーレーの実験 3
マクスウェルの方程式 3
マニング 135

魔法数 61
マラルディの角 137
マンセル表色系 123

ミツバチの巣 137
ミョウバン 81
ミンコフスキー時空 5, 7
ミンコフスキーの時空間 83

無次元化 37
娘核 63

明度 121
メビウス 135

毛細血管網 27
門脈 31

● や行 ●

幽霊 55
ユークリッド幾何学 9
ユニーク色 123

陽子 57
4次元角錐 141

4次元角柱 137
4次元時空 35
4次元正4面体 141
4次元正12面体 141
4次元正20面体 141
4次元正8面体 141
4次元多胞体 137
4次元菱形12面体 141
4次元立方体 83, 141, 143

● ら行 ●

立体異性 43
立方体 81, 141
立方8面体 81
臨界現象 37
リンパ節 31

類洞 31

ローレンツ変換 5

● わ行 ●

惑星の軌道 59

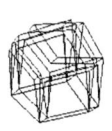

自然界の 4 次元（普及版）　　　　　定価はカバーに表示

1995 年 6 月 10 日　初　版第 1 刷
2010 年 7 月 25 日　普及版第 1 刷

編　集　　高 次 元 科 学 会
発行者　　朝　倉　邦　造
発行所　　株式会社　朝　倉　書　店
　　　　　東京都新宿区新小川町 6-29
　　　　　郵便番号　162-8707
　　　　　電　話　03(3260)0141
　　　　　FAX　03(3260)0180
　　　　　http://www.asakura.co.jp

〈検印省略〉

© 1995 〈無断複写・転載を禁ず〉　　　　中央印刷・渡辺製本

ISBN 978-4-254-10240-6　C 3040　　　　Printed in Japan

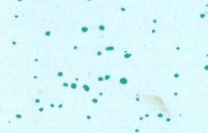